實例操演，文圖並重，一看就懂，一學就會！

手作族一定要會的
裁縫基本功

裁縫技巧全收錄
你專屬的裁縫小幫手工具書

BOUTIQUE-SHA ◎授權

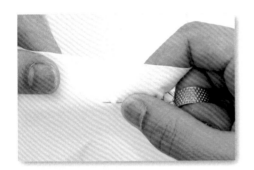

Before

After

暢銷增訂版

contents

本書之前頗受好評，因此增添新的基礎技巧與疑難排解
加強為「暢銷增訂版」。

從最基礎開始•••5

哇！這怎麼辦呢？疑難排解•••43

【取材・攝影協助】

河口株式会社
http：www.t-k-kawaguchi.com

Clover株式会社
http：www.clover.co.jp

株式會社FUJIX
http：www.fjx.co.jp

株式會社Japan International Commerce
http：www.jicworld.co.jp/

株式會社Groupe SEB Japan（T-fal）
http：www.t-fal.co.jp

株式會社ネオ・ジャパン
http：www.neo-japan.jp

Brother販売株式会社
http：brother.jp/product/hsm/

ダイロンジャパン株式会社
http：www.dylon.co.jp/

國家圖書館出版品預行編目(CIP)資料

手作族一定要會的裁縫基本功（暢銷增訂版）/
BOUTIQUE-SHA授權；王海、駱美湘譯.
-- 四版. -- 新北市：雅書堂文化，2020.10
　面；　公分. -- (Fun手作 ;13)
譯自：お直しと裁縫実例
ISBN 978-986-302-557-3 (平裝)

1.縫紉 2.手工藝

426.3　　　　　　　　　　　　　　109015409

◎Fun手作 13
手作族一定要會的裁縫基本功
（暢銷增訂版）

授　　　權／BOUTIQUE-SHA
譯　　者／王　海・駱美湘
發 行 人／詹慶和
執行編輯／劉蕙寧
編　　輯／蔡毓玲・黃璟安・陳姿伶
封面設計／韓欣恬
美術編輯／陳麗娜・周盈汝
內頁編排／韓欣恬
出 版 者／雅書堂文化事業有限公司
發 行 者／雅書堂文化事業有限公司
郵撥帳號／18225950
戶　　名／雅書堂文化事業有限公司
地　　址／220新北市板橋區板新路206號3樓
網　　址／www.elegantbooks.com.tw
電子郵件／elegant.books@msa.hinet.net
電　　話／(02)8952-4078
傳　　真／(02)8952-4084

2020年10月四版一刷　定價 380 元

Boutique-Mook No. 692 ONAOSHI TO SAIHO-
JITSUREI

Copyright © BOUTIQUE-SHA 2008 Printed in
Japan
All rights reserved.

Original Japanese edition published in Japan by
BOUTIQUE-SHA.

Chinese (in complex character) translation rights
arranged with BOUTIQUE-SHA through KEIO
CULTURAL ENTERPRISE CO.,LTD.

經銷／易可數位行銷股份有限公司
地址／新北市新店區寶橋路235巷6弄3號5樓
電話／(02)8911-0825
傳真／(02)8911-0801

【工作人員】

編輯擔當／東鄉行洋　神戶雅子　小池洋子
作品製作／アリガエリ（studio-hana）
　　　　　大久保千秋　たちばなみよこ
　　　　　吉田敬子
攝　　影／腰塚良彦　藤田律子
製　　圖／茅田文子　榊原由香里
插　　圖／かめい きこ
版面設計／梁川綾香　橋本祐子

從最基礎開始

本書不僅可作為初學者的入門參考書，也可供曾學過縫紉但有點忘記，又不好意思向他人請教的讀者閱讀。現在就從打開本書開始，輕鬆學會手作的基本功。

裁縫工具介紹

提供／★＝Clover
　　　　☆＝FUJIX

不需要一開始就購齊所有的裁縫工具。此處所介紹的都是裁剪、縫紉過程中不可缺少的基本配備，
其餘的工具可以依照個人需求再慢慢添購。

布剪 ★

購買裁剪布料用的大剪刀時，先試試手感，選擇用起來順手的產品。請注意，不要以布剪來剪紙或衣料以外的其他物品，這樣很容易使剪刀變鈍。

布剪的持握方法

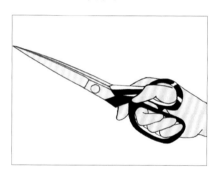

拇指插入剪刀刀柄上較小的孔中，中指、無名指、小指一起插入較大孔中，牢牢握著剪刀。食指勾住剪刀刀柄上，稍靠前的弧形位置，保持剪刀的平衡。將拇指以外的四根手指全部插入大孔中，這種方法也OK。選擇一種自己順手的方式握持剪刀即可。

布剪的剪裁方法

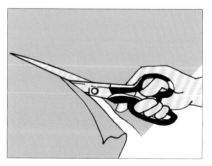

裁布時，盡量不要讓布浮在空中，剪刀的下緣貼著桌面向前推進，這樣就可以漂亮的裁剪布料。

頂針 ★

手縫時，套在持針手的中指使用。利用頂針來推針，即使是縫針不易穿透的厚實布料也會變得輕鬆易縫。頂針有金屬製和皮革製兩種，無論哪一種材質，最重要的是選擇適合自己的尺寸與樣式來使用。

針插 ★

手縫針、珠針都可以插在上面待用。

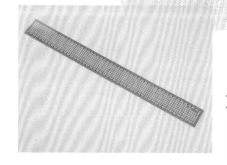

方格尺

測量尺寸時不可或缺的道具。

車縫線

縫線 ☆

縫線有分手縫線與車縫線兩種。就如同它的名稱一樣，手縫線是用來手縫使用，車縫線是用於縫紉機。

剪線剪刀 ★

剪斷手縫線或車縫線時使用。剪線剪刀是用來進行精細操作的工具，所以，宜選用容易持握、刀口鋒利的產品。

手縫線

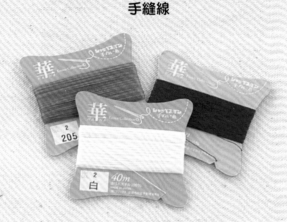

區別手縫線與車縫線

縫線是由數條細線捻合而成。手縫線與車縫線兩者，捻合的方向是相反的，手縫線向右，而車縫線向左捻合而成。如果使用車縫線進行手縫，車線的捻合就可能被鬆開，很容易纏繞成一團。因此，手縫時盡量使用手縫線。

珠針 ★

縫紉時，於布料與布料之間固定不滑動所使用的針。

手縫針 ★

手縫專用針。有多種粗細與長度，請依照布料的特性選擇適用的手縫針。一般來說，較厚的布料用較粗的針，較薄的布料選用較細的針。

疏縫線 ★

布料縫合時可使用珠針固定，若要更精確縫合就使用疏縫線暫時固定。疏縫線除了白色，也有其他顏色的種類。

準備縫線

調整彎曲的手縫線

手縫線大多是纏繞在硬紙板上，所以時間一長，縫線上往往會有褶線。直接使用彎曲的縫線容易打結，使用前最好先消除這些褶線與彎曲。

①準備約30至40cm的手縫線。

②縫線在食指上繞一圈。

③微微用力繃緊，以大拇指彈縫線。

④縫線變得均勻順直。

穿針引線

①縫線端剪出斜口。

②縫線從針孔中穿出。

方便穿線的小工具

對新手而言穿線是個費時又費事的步驟。為了使作業更順暢，介紹以下幾樣便利的小工具。

帶有切線功能的攜帶型穿線器

提供＝Clover

自動穿線器

粗針、細針均可使用桌上型
提供＝河口

如何決定縫線的長度

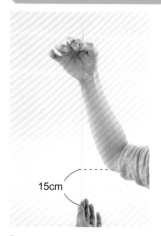

15cm

縫線越長，越容易在操作過程中纏繞成一團，或中途拉出死結，妨礙縫製進行。所以，超過手臂15cm左右通常被視為最適合的縫線長度。

單股線 & 雙股線

單股線　　　雙股線

穿針引線後，只有單邊打結的縫線稱為「單股線」（左），兩邊縫線一起打結稱之為「雙股線」（右）。

始縫結　為了使縫線穿過布料不被拉出來，穿針引線後打一顆「始縫結」。

以手指打結

①以拇指與食指搓起線頭。

②縫線在食指指尖纏繞一圈。

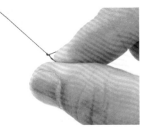

③拇指將縫線從壓線的位置向食指指尖端搓轉，搓成的線圈自食指指尖脫落後，再以中指及拇指壓，從線圈中抽出線頭。

④完成始縫結，並剪掉線頭。

以針打結

①穿線。

②以較長一邊的縫線線頭，纏繞針2至3圈。

③將繞好的線圈集中擠壓到食指指尖，形成結粒。

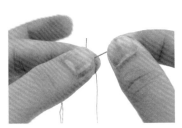

④以拇指與食指壓著結粒。

⑤以另一隻手向外抽出針。

⑥完成始縫結，並剪掉線頭。

固定珠針

為了使縫合的位置不會錯位，使用珠針固定。

固定珠針的方法

正確的固定方法

將布料對齊，珠針垂直於記號的直角方向，挑起少量的布料固定。

錯誤的固定方法

將珠針沿著縫合方向與記號平行或斜插珠針，容易造成布料鬆脫或刺傷手指，請多注意。

也不要固定太大針。

固定珠針的順序

①固定縫合的起點。

②再來固定縫合的終點。

③固定①與②的中間。若有合印記號，則固定於記號處。

④縫合距離過長時，①與③之間、③與⑤之間再多固定幾針。

疏縫的方法

縫合曲線等，只使用珠針容易鬆脫時，就可以使用疏縫線暫時固定。
實際縫合完成後，就可以將疏縫線拆開。

疏縫線

提供＝Clover

準備疏縫線束

疏縫線多半以圓圈線束捲狀販售。
從線束抽出時避免疏縫線纏繞在一起，使用前必須預先處理。

①將疏縫線束的紙標籤撕開，再於圓圈線束捲的其中一端完全剪開。

②拉直扭曲部分，以適當大小的紙張將線束包裹起來。

③使用時，從未剪開的部分拉出一根根疏縫線，既輕鬆也不會使縫線纏繞。

進行疏縫

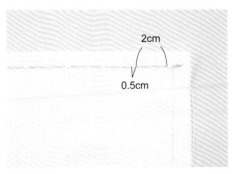

①將針穿好疏縫線，打一個始縫結。於距離完成線0.2cm的縫份側位置縫合。

②進行針腳間隔約2cm、挑針距離約0.5cm的疏縫。

基礎手縫法

頂針的戴法

頂針應該戴在慣用手的中指第一節與第2節的手指當中（左）。戴在指尖或戴得太深，都不利於固定縫針，而影響到縫製效果（右）。

持針的方法

以慣用手的拇指與食指持針，針孔與頂針呈垂直方向。

開始縫製

①從正面開始第一針。

②第一針入針處再縫一針。

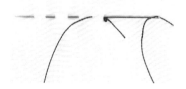

③一次數針向前推進。

縫製結束（止縫結）

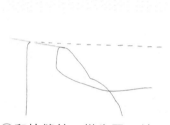 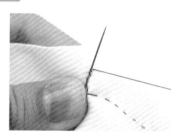

①和始縫結一樣先回一針，於前一針的位置再縫一次。

②將縫針靠在收尾位置，以縫線繞縫針2至3圈。

③拇指用力將線圈移向最後一針出針位置，抽出縫針，剪斷多餘縫線。

平針縫

又稱為運針，是最基本的手縫方法。針腳在布料的正面、背面約以每3mm的距離向前推進。在想要作出整齊美觀的衣褶抽皺時，常會用到針腳間距1至2mm的平針縫手縫。

正面　　　　　　背面

①以拇指與食指將布料拿穩，並將左手側的布料一邊繃緊一邊上下移動，以頂針推進縫合。

②進行縫合的過程會漸漸累積一些縫好的布料，使用拇指與食指將鬆弛的針腳向縫合的推進方向撫平。

③完成平針縫。

全回針縫 此種縫法的針目看起來就像是車縫出來的。先回一針再前進兩針,如此反覆前進。使用回針縫縫出來的作品較為牢固,針距宜控制在3mm左右。

正面

背面

①從正面起第一針。

②從第一針起針處再入一針,在背面前進兩針針距後出針,拉出縫線。

③回一針,再前進兩針的針距出針。如此反覆進行。

④完成。

半回針縫 看似平針縫的針目。每一針都是先回針再前進,作法和全回針縫是相同的。只不過,半回針縫倒回來的不是一針的針距,而是半針的針距。

正面

背面

①從正面起第一針。

②在第一針起針處與出針處的中間入第二針,在背面前進1.5針針距後出針,拉出縫線。

③重覆②的作法。

④完成。

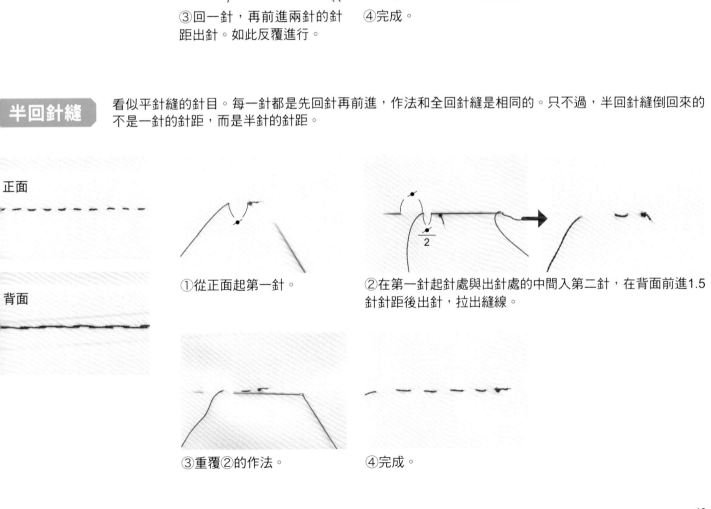

一般繚縫 常用於處理衣物下襬處的方法。衣料表面不顯露針跡。

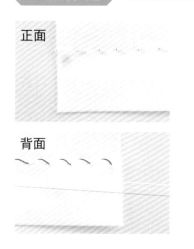

正面

背面

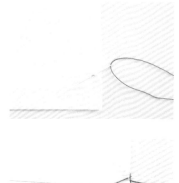

①從縫份的背面出針。

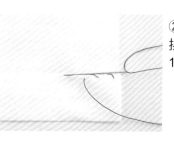

②從斜上方挑起布料的1至2根紗。

③從縫份的背面出針。

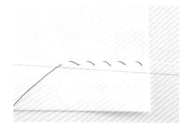

④拉線後縫線會呈現斜紋方向。重覆此動作。

直針繚縫 適用於褲管或腰帶褶邊或滾邊的縫法。手縫時每針之間的間距宜控制在4至5mm左右。

正面

背面

①從縫份的背面出針。

②在正上方挑起布料的一根紗。

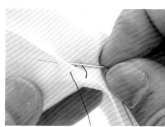

③縫針挑紗後往前移4至5mm，從縫份的背面穿出。重覆此動作。

藏針縫 適用於裙子或褲管褶邊的縫法。是縫合於縫份內側深處的方法，盡可能每次只挑一根紗，避免造成太強的牽引力，同時使衣料表面不顯露針跡，是此手縫法的重點。

正面

背面

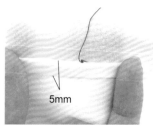

①翻開縫份約5mm，挑一針拉出針線。

5mm

②只挑起表布上的一根紗。

③再讓縫針從翻開縫份的背面挑出。

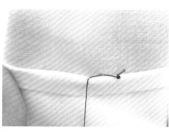

④重覆操作步驟②與③。

 **千鳥縫**　常用於固定布邊。千鳥縫通常是從左邊開始運針向右邊前進。

正面

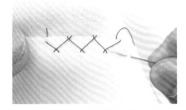

背面

①從縫份的背面出針，在右上方挑起表布的2至3根紗。

②再在右下方的縫份上挑一針。反覆此動作。

∏字縫　布料的褶線倆倆相對縫合，看不見針腳的手縫方法。類似∏的字形，所以稱之為「∏字縫」或是「長城縫」。常用於布玩偶的棉花塞入口或返口處。

正面

背面

①從開口邊端縫份的褶線出針。

②於正上方的褶線處橫向挑針。

③於正下方與步驟②同樣橫向挑針。重複此動作將線拉緊就會發現上下的褶線穩穩的閉合。

捲邊縫

常用於防止布邊鬚脫，或是不織布玩偶等縫合的手縫法。以細針腳的針目縫合。

縫合2片時

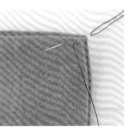

①從2片布料之間開始出針。

②從背面開始縫合2片後一起出針。

③類似欲將布邊捲起來的方式，從背面開始朝向正面出針進行縫合。

正面　　　　背面

①從背面開始朝向正面出針。

②類似欲將布邊捲起來的方式，從背面開始朝向正面出針進行縫合。

細針捲邊縫

正面　　　　背面

縫製鈕釦

每次穿脫衣物時，衣物上的鈕釦都會受力，所以，如果鈕釦縫得不夠牢，就很容易鬆脫或掉落。
使用正確的方法，讓自己縫的鈕釦變的牢固又好扣吧！

四孔釦

常用於上衣、外套、褲子等的配件。

雙孔釦

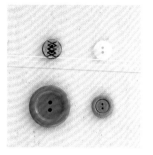

常用於襯衫或女衫。

鈕釦線

縫鈕釦時通常使用鈕釦線或釦眼線。兩者均比手縫線還要粗，所以只使用一股線也可以縫的很牢固，盡量選用與鈕釦同色或顏色相近的鈕釦線或釦眼線。

以手縫線縫製鈕釦

如果沒有鈕釦線和釦眼線，也可以手縫線代替。但必須使用兩股線，以確保縫得牢固。

縫製四孔釦的方法

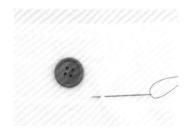

①在欲縫鈕釦位置的中心處挑一針。

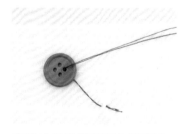

②縫針從鈕釦背面向外穿出。

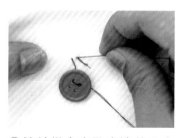

③縫針從穿出孔旁邊的孔中穿入，再穿入下面的衣料。

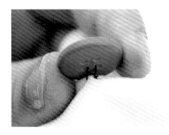
④此時，鈕釦與布料之間調節出3mm左右的間隙。外套等較厚的布料，間隙要多留一些。

⑤縫線鬆鬆的在兩個孔洞中間進出3至4次後，以同樣的方法在另外兩個孔洞中穿線。

⑥以縫線將鈕釦與衣料之間的縫線束，從上到下纏繞3至4圈。

⑦繞最後一圈時，讓縫針從線圈中穿過。

⑧稍稍用力拉緊縫線圈。

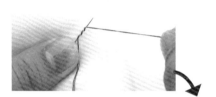
⑨於衣料背面將針穿出，打好止縫結完成。

雙孔釦也以同樣方式完成。

四孔釦使用十字縫法也OK。

縫製補強釦的方法

正式鈕釦的內側，會多縫一顆小小的鈕釦，稱為「補強釦」。通常用於外套、夾克等較厚布料的衣物，為了不傷害衣物的布料，會將正式鈕釦與補強釦一起縫在衣物上。

補強釦

①完成縫製四孔釦的①至③步驟後，將縫線從背面穿出。

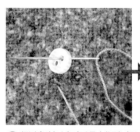
②繼續將針穿過補強釦的孔中，從正面將針穿出。

③反覆操作步驟①、②，以縫製四孔釦④至⑨步驟的要領完成縫製。

17

縫製附釦腳的鈕釦的方法

附釦腳的鈕釦

背面

背面有可以穿過縫線的小孔,款式非常豐富。可用於洋裝或小物的裝飾。

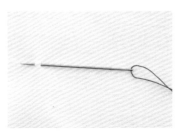

①在縫鈕釦位置的中心處挑一針。

②讓縫針從鈕釦背面的小孔中穿出。

③在最初入針的位置入針。

④於鈕釦與衣料之間預留1mm的間隙。

⑤重複步驟②、③二至三次,以縫線將鈕釦與布料之間的縫線束纏繞1至2圈。

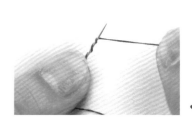

⑥縫針從衣料背面穿出,打好止縫結。

縫製完成

製作包釦的方法

以下介紹以布料將零件包起來，就可以簡單製作包釦的套件組。包釦的大小種類繁多，使用自己喜愛的布料，或與衣服同塊布料，來製作只屬於自己的原創包釦吧！

包釦套件組

提供＝Clover

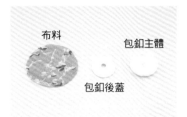

①準備鈕釦直徑兩倍大的圓形布料，還有套件組的零件。

②預留5mm寬縫份，繞著圓形邊緣進行平針縫一圈。

③將包釦主體放在圓形布片中間，用力將線拉緊後打一個止縫結，剪斷縫線。

④將後蓋壓入包釦主體，製作完成。

包釦套件組

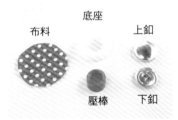

①準備套件組裡面記載的尺寸大小，預先將布料剪好，還有備齊套件組的所有零件。

②於底座放上布料，再將上釦壓進去。

③將縫份集中至中央。

④放上下釦。

⑤用力壓入壓棒，將下釦壓入。

⑥從底座將包釦取出，製作完成。

鉤釦的縫法

鉤釦（大）的縫法

裙子、褲子等腰帶釦合處常使用此種鉤釦。由於此處長期受力，必須縫的較牢固。鉤子縫在疊合片的上片，釦具縫在疊合片的下片。縫合時，先縫鉤子，再縫釦具。

鉤子　　　　　　釦具

①在布料表面挑一針，牽拉縫線將始縫結拉入衣料夾層中。

②縫線從鉤孔中穿出。

③縫針沿著鉤孔邊穿入布中，再從鉤孔中穿出，將線繞到針下。

④拉出針線後，有一個節點結留在鉤孔的邊緣。

⑤重複步驟③至④，直到幾乎看不到鉤孔的金屬邊。

⑥不用剪斷縫線，針頭直接轉移到隔壁的鉤孔。

⑦按照同樣的方法縫好鉤子上的三個鉤孔。

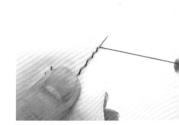

⑧縫針從布料背面穿出，打一個止縫結。

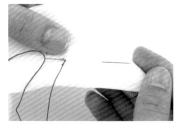

⑨在止縫結位置下針，再從稍遠的旁側出針。

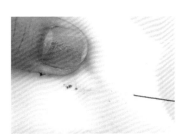

⑩牽拉縫線將止縫結拉入衣料夾層中，剪掉多餘線頭。

⑪縫製完成。

⑫釦具也與鉤子以同樣方法縫合。

鉤釦（小）的縫法

更小的鉤釦，多用於連身裙
合及拉鍊的上端等。

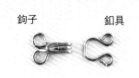

鉤子　　　釦具

鉤子

①以P.20的步驟①至⑥方法
縫合。

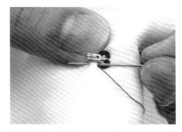

②縫線從鉤子前端的側面穿
出。

③縫線纏繞鉤子前端2至3
次，縫牢。

④縫針從布料的背面穿出，
打一個止縫結。

⑤在止縫結位置落針，再從
稍遠的旁側出針。牽拉縫
線，將止縫結拉入布料夾
層，剪掉多餘縫線。

⑥鉤子縫合完成。

釦具

①釦具也以相同方式縫合。

②釦具前端也以縫線纏繞縫
牢。

③釦具縫合完成。

暗釦的縫法

暗釦的縫法

暗釦能輕鬆地打開與扣合。
重疊時，將上方縫合公釦，
下方縫合母釦。

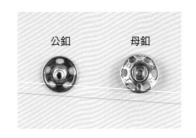

公釦　　　母釦

訣竅

先縫公釦，縫好後對準下面疊合處
壓出一個痕跡，再以壓痕作為中心
縫合母釦，這樣縫出來的公母釦就
不會發生位置偏移的困擾了。

①縫合暗釦的位置上挑一針。

②縫線從公釦的孔洞穿出。

③從孔洞的下面將針穿出，
再將縫線繞到縫針下方。

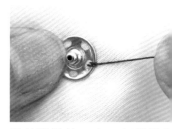

④拉緊縫線，有一個節狀約
留在釦孔邊緣。

⑤重複步驟③、④，不用剪斷
縫線，依序縫好所有的釦洞。

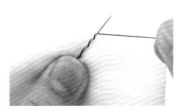

⑥縫針從布料背面穿出，打
一個止縫結。

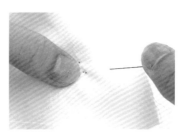

⑦在止縫結位置落針，再從稍
遠的旁側出針。牽拉縫線，將
止縫結拉入布料夾層。

⑧公釦縫合完成，母釦也以
同樣方式縫合。

便利的小用具

暗釦帶

附有暗釦的細長帶子。以
手縫製暗釦費時又費力，
若改用暗釦帶，只需以縫
紉機將帶子兩邊車好就
行，非常方便。尤其適合
兒童和老人的服裝。

提供＝河口

用途與暗釦相同，但四合釦不需要使用針和線，只需要專用的小鐵鎚敲擊打具就能輕鬆安裝。雖然沒有特別的規定安裝位置 ，但大部分是公釦在下，母釦在上。

四合扣套件組

若套件組中附有小鐵鎚是最方便的組合。公釦母釦的底托不同，安裝時不要弄錯了。

公釦　　母釦　　打具

提供＝Clover（株）

敲打打具的小鐵鎚是不可或缺的，此外為了避免損傷地板和桌面，必須準備一個堅硬穩固的底板作為操作台。

母釦

正面　　　　　背面

①母釦的釦爪刺出布料，由背面向外穿出。

②將母釦蓋在釦爪上。

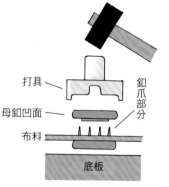

打具
母釦凹面
布料
釦爪部分
底板

③打具置於母釦上方，再以小鐵錘向下敲擊打具。

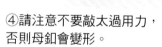

④請注意不要敲太過用力，否則母釦會變形。

公釦

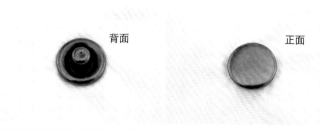

背面　　　　　正面

公釦與母釦以同樣方式裝設。

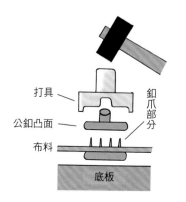

打具
公釦凸面
布料
釦爪部分
底板

關於縫紉機

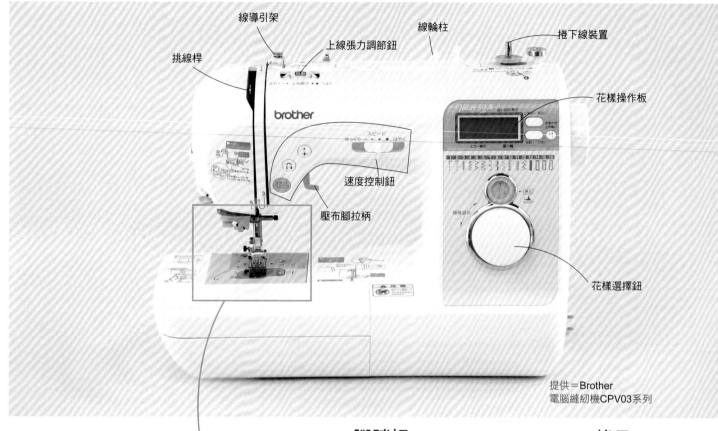

線導引架

線輪柱

上線張力調節鈕

捲下線裝置

挑線桿

花樣操作板

brother

スピード
ゆっくり ● ● ● はやく

速度控制鈕

壓布腳拉柄

花樣選擇鈕

提供＝Brother
電腦縫紉機CPV03系列

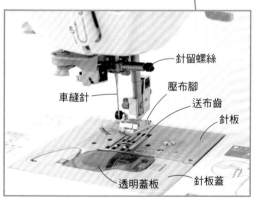

針留螺絲

車縫針

壓布腳

送布齒

針板

透明蓋板

針板蓋

腳踏板

使用腳踏板時，雙手可以自由地作其他事，讓操作縫紉機變得更加愉快。藉由腳踩踏板的力量大小來調節送布和縫紉速度，特別適合初學者使用。購買縫紉機之前，最好先確認所購買機型，是否具有這一項配備，也是非常重要的一件事。

梭子

是縫紉機在纏繞下線的附屬配件，有塑膠材質和金屬材質。可多買幾個備用，在更換縫線時會更方便。有兩種高度，因此必須事先仔細閱讀使用說明書。

壓布腳

依照不同縫紉方法所需的壓布腳。在此介紹購買縫紉機時所附贈的壓布腳。

萬用壓布腳

用於直線或Z字形車縫、繡花等各式各樣縫紉方法所使用的壓布腳。

開鈕眼壓布腳

開鈕眼時所使用的壓布腳。

車布邊壓布腳

處理布邊時所使用的壓布腳。

拉鍊壓布腳

縫合拉鍊時所使用的壓布腳。

暗針縫壓布腳

用於裙子或褲子的褲管褶邊時所使用的壓布腳。

先進行試縫

先進行試縫實際上要使用的布料，或材質相近的布料，以實際上欲縫合的速度車縫。
確認上線與下線的張力調節情況。

①依照使用說明書將上線與下線穿好。車線往後方拉，放下壓布腳。

②以雙手輕送布料車縫。

③將車針調至向上的狀態，壓布腳也抬起來，將布料往後方拉，剪斷車線。

④確認正面與背面的針腳，若無問題就可以正式車縫了。若是有上線、下線張力不均、布料會扭曲變形、針腳會變大變小等問題，請先排除問題。

選擇縫紉機的重點

在購買時，面對著大小、功能、價錢各異的縫紉機，可能會不知道該選擇哪一台。但最低限度必須要能完成直線車縫和鋸齒形車縫。只要縫紉機具備這兩項功能，就能夠應付日常所需了。若是購買入門級的縫紉機，最好選擇配有腳踏板的機型，不僅可在縫紉時完全解放你的雙手，還能透過改變腳踩力量的輕重控制縫紉機速度。此外具有活動式輔助桌的縫紉機在車縫袖口等筒狀部位時非常方便。除了最基本的功能，再依照日常生活所需使用到的功能作增加。若附近有手工藝品店或縫紉機店，最好在店中實際操作一下，會比較容易選到順手的機器。

該在哪裡購買縫紉機

縫紉機在百貨公司、手工藝品店、縫紉機店、家電量販店等都有銷售，但是購買前必須先確認商家是否有保固、周到的售後服務。只要使用、維護得當，一台縫紉機可以用上好幾十年。

調節車縫線

依據縫紉機的不同，其縫線的調節方法也各不同。有的只需要調節上線，有的則需要上線及下線同時調節等，種類繁多。實際的操作方法在使用說明書中一定有詳細闡述，所以使用前請仔細閱讀。若梭子的繞線方法不正確，會導致車線張力出問題而卡線。

下線的捲法

如果梭子繞線未保持平行，使用時線的張力會變差，同時也是造成斷針的原因。通常電腦縫紉機會自動的完成正確的繞線程序，若是下線無法正常完成繞線，就有可能是在裝車線於梭子時就放錯了，請務必確認。

正確的針目	**正面背面的針目相同** 正面 背面
上線太緊	**上線緊繃，下線露出** 正面 背面
上線太鬆	**上線浮線** 正面 背面

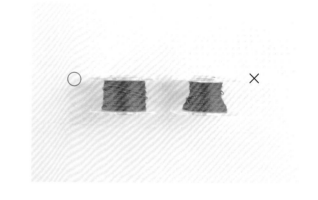

縫紉機常見的故障原因

故障現象	原因	故障現象	原因
運轉不順暢	●機油耗盡了 ●梭殼上塞有線頭、布屑	針目不齊	●上線與下線的鬆緊度不一致。 ●壓布腳與衣料之間的壓力不恰當。
上線會斷線	●上線太緊 ●上線的穿線方向錯誤	跳線	●針頭磨損。 ●壓布腳的壓力太弱。
下線會斷線	●下線太緊 ●下線纏繞在梭殼上	針目縐縮	●上線下線都太緊。 ●送布齒太過突出。

開始車縫

①抬起壓布腳和車縫針，重疊好衣料，在開始縫合的地方落針。

②放下壓布腳。

③雙手輕壓布料，開始車縫。

回針

為了防止針目脫線，在車縫開始與車縫結束處，需要同一個位置往覆多車2至3針，這稱為「回針」。

不想使用回針的結束方法

針目車縫在顯眼的位置上時，不要使用縫紉機回針，將上線與下線兩條線一起打結固定。

①車縫開始與車縫結束處，預留10至15cm左右，其餘剪掉。

②其中一邊的車縫線以錐子挑起，將下線拉上來，使上線與下線在同一面穿出。

③兩條車縫線一起扎實的打一個結。

④將多餘的線頭剪掉。

車縫途中線不夠的處理方法

車縫到一半時上線或下線沒有了，不必從最開始的起點重新車縫，只要從中途斷線的針目上面，回一針、重疊1cm左右再次車縫。若有一小部分想要重新修改時，也可以從這裡拆開，重疊在這裡再次重新車縫。

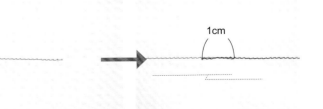

1cm

想要車縫出美觀、整齊的針目時，可使用縫紉小助手「擋邊定規」。
藉由調節螺絲調整針腳與固定器之間的寬度，調整至吻合布邊後車縫。

擋邊定規

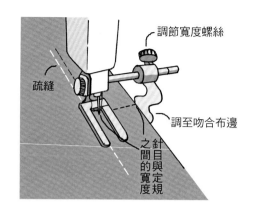

調節寬度螺絲

疏縫

調至吻合布邊

針目與定規之間的寬度

粗針目（車縫間距寬的針目）

衣褶抽皺或車拉鍊時，常會使用到的用語。
將控制針目的轉輪，轉到最大針目間距進行車縫。

普通的針目

粗針目

衣褶抽皺時

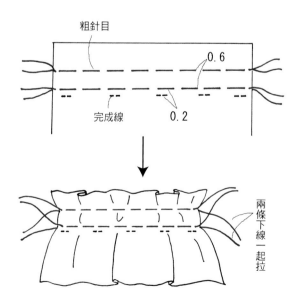

粗針目

0.6

完成線

0.2

兩條下線一起拉

車縫拉鍊時

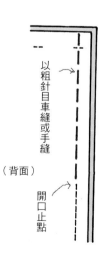

以粗針目車縫或手縫

（背面）

開口止點

縫份的處理方法

Z字形車縫

鋸齒形的車縫，主要用來防止剪裁後布料的布邊，會出現鬚邊的情形。

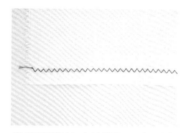

①縫紉機的功能調至Z字形車縫選項，設定好鋸齒的幅度和針目間距之後開始車縫。

②剪掉布邊，但請注意不要剪到車線。

三摺邊車縫

①將布邊向背面側摺疊0.5cm，並以熨斗整燙。

②再摺至完成線，並以熨斗整燙。

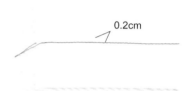

0.2cm

③距步驟②的摺邊0.2cm位置處進行車縫。

完全三摺邊車縫

①將布邊向背面側摺疊1cm，並以熨斗整燙。

②再次向背面側摺疊1cm，並以熨斗整燙。

③距步驟②的摺邊0.2cm位置處進行車縫。

①將布料正面對正面重疊，距離布邊1.3cm的位置處進行縫合後，再將縫份左右燙開。

②將縫份的邊端0.5cm向背面側摺疊，並以熨斗整燙。

③距離摺邊0.2cm處進行車縫。相反側的邊端也以同樣方式縫合。

背面

正面

①將布料背面對背面重疊，距離布邊0.6cm的位置處進行縫合。

②將縫份以熨斗左右燙開。

完成線

③沿著車縫線將布料正面對正面對摺。

④在距離布邊0.8cm的完成線位置進行車縫。

⑤以熨斗使其倒向一邊整燙。

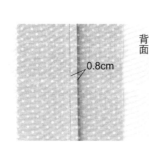

0.8cm

背面

正面

包縫

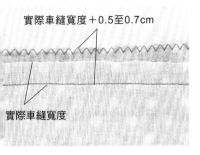

實際車縫寬度＋0.5至0.7cm

實際車縫寬度

①縫份短的一方為實際車縫寬度，長的一方為實際車縫寬度加0.5至0.7cm，請預先準備好。長縫份的邊端先進行Z字形車縫後，正面相對車縫完成線。

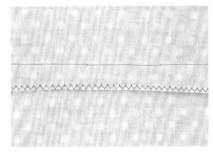

②縫份以熨斗燙開，再將Z字形車縫的那一邊翻回相反側以熨斗整燙。

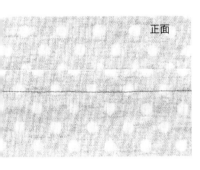

正面

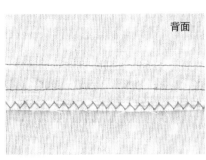

背面

③從正面側於實際車縫寬度的位置處壓線。

包邊縫

①將布料正面對正面重疊，距離布邊1.3cm的位置處進行縫合。

②將其中一側的縫份，預留0.6cm後其餘剪掉。

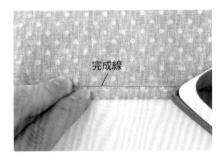

完成線

③以長的縫份包住短的縫份，摺疊後以熨斗整燙。

④將縫份向上摺疊，以熨斗整燙。

⑤距離邊端0.1cm位置處進行縫合。

背面

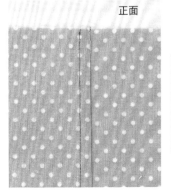

正面

包邊縫是手工縫製嬰兒內衣時常用的縫合方法。其優點是穿著舒適、對皮膚不刺激。

使用斜布條時的處理方法

斜布條使用於領口或袖口、包包的袋口等處。
使用市售的斜布條可以縮短時間，或自己動手將喜愛的布料自製成斜布條來使用。

市售的斜紋布

縫份已經摺好的斜布條，可以省去很多麻煩。市面上有販賣許多材質、顏色、花樣、寬度等……種類相當繁多。

製作斜布條

以斜布紋方向剪成布條狀，穿過滾邊器後，兩側的縫份就會被自動摺疊後再穿出來。再以熨斗熨燙縫份褶線，輕輕鬆鬆就可以很簡單的作出斜布條，市面上有販賣各式各樣寬度的滾邊器。

滾邊器

提供＝Clover（株）

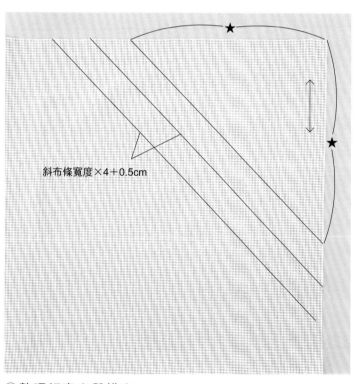

斜布條寬度×4＋0.5cm

①整理好直向與橫向的布紋，直向與橫向取相同的尺寸後，連接記號畫直線。斜布條幅度×4＋0.5cm。斜布條會拉伸，所以多預留0.5cm。沿著直線裁剪。

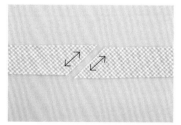

②需要很長的斜布條時，直紋與橫紋方向對齊。

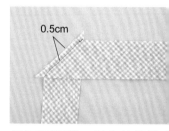

0.5cm

③正面相對，斜向剪裁的布端對齊，於0.5cm的位置處進行縫合。

④燙開縫份。

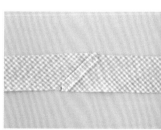

⑤多餘的縫份剪掉。

⑥將步驟⑤的斜布條穿過滾邊器，拉出來。

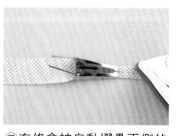

⑦布條會被自動摺疊兩側的縫份後穿出來，請以熨斗熨燙縫份褶線。

⑧完成斜布條。

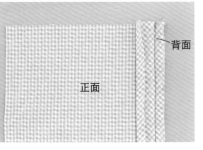

①將斜布條的其中一邊縫份打開。褶線與主體本布的記號對齊，進行縫合。

②將斜布條摺回原本的褶線。

③以斜布條包捲布邊後，將斜布條翻回裡側，以珠針固定。

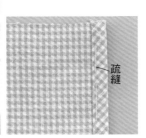

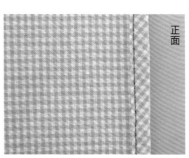

④從正面開始於斜布條的邊端進行車縫壓線。若是想從裡側車縫壓線也OK。若會擔心珠針，就把珠針取下再進行車縫。

⑤正面與背面可以兩片一起進行縫合。

進行落機縫　為了使針目在表面比較不會太明顯時使用。

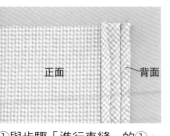

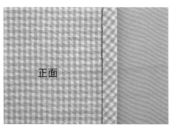

①與步驟「進行車縫」的①、②相同，斜布條與主體本布對齊縫合後，翻摺回來。

②將縫份蓋住約0.2cm，以珠針固定。

③從正面開始，緊鄰著斜布條完成線的邊端進行車縫壓線，只車縫於主體布上。從正面幾乎看不到車縫線的針目，從背面可以看見固定斜布條的針目。

外凸弧度的包邊方法 本章節介紹以斜布條處理外凸弧度的方法。

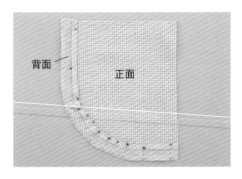 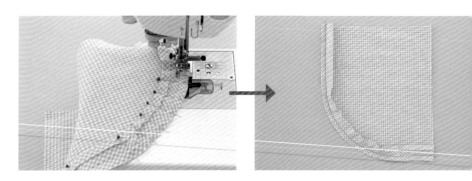

①不要拉伸到斜布條,將主體布的記號線與斜布條的褶線對齊,並以珠針固定。較圓弧形的部分盡量以多一點珠針固定。

②不要拉伸到布料,沿著斜布條的褶線進行車縫。

 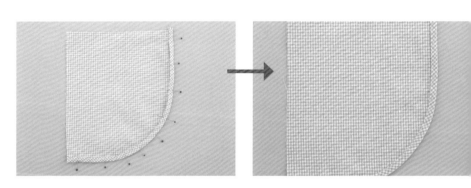

③將斜布條翻回背面。

④以翻回背面的斜布條將布邊包捲起來,以珠針固定後,進行疏縫。

 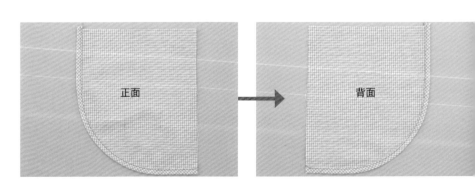

⑤於斜布條的邊端進行車縫壓線。

⑥完成車縫壓線。

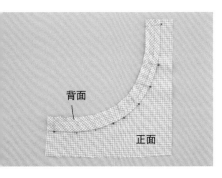 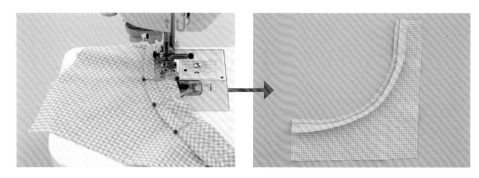

①不要拉伸到主體布,將斜布條微微
的拉伸。將主體布的記號線與斜布條
的褶線對齊,並以珠針固定。較圓弧
形的部分盡量以多一點珠針固定。

②沿著斜布條的褶線進行車縫。

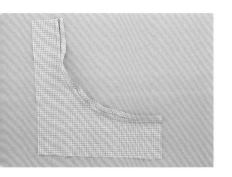 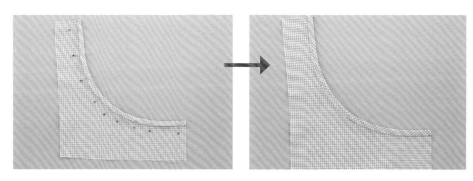

③將斜布條翻回背面。

④以翻回背面的斜布條將布邊包捲起來,並以珠針固定後,進行疏縫。

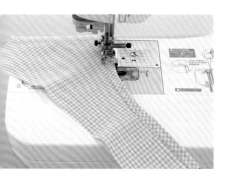 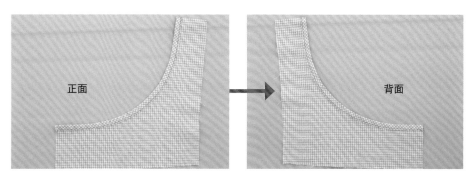

⑤於斜布條的邊端進行車縫壓線。

⑥完成車縫壓線。

關於熨斗

每次縫製完畢後，都要對作品進行細心的熨燙。
適度的對於針目與縫份進行熨燙，完成的作品效果也會更好。

墊布

直接對毛料和聚酯纖維等衣物進行
熨燙，會在衣物表面留下光亮的燙
痕。為了避免這種情況發生，在衣
物上，墊上一層平織棉布或手拭巾
後再進行整燙。

熨斗　（T-fal集團日本販賣株式會社）

只需要按下按鈕，就可以在蒸氣燙與乾燙間切換的簡易
式熨斗，強力推薦！請選擇一款配有安全裝置、長期用
著也不會燙壞衣服的好熨斗吧！

燙衣板

推薦使用不占空間，隨時隨地可以拿出
來使用，沒有支腳的長方形燙衣板。

熨斗清潔劑

熨斗長時間使用
後，表面上多多
少少都會黏上一
些燙焦的異物，
或是黏著襯的黏
膠，會使平滑的
熨斗手感變差，
因此，需要使用
熨斗清潔劑對熨
斗進行定期的清
潔與保養。

噴霧器

請選擇一個可
以將霧氣噴得
非常均勻的噴
霧器吧！使用
蒸氣也難以消
失的皺褶，以
噴霧器噴水之
後，再以熨斗
熨燙，就可以
輕易消除衣服
上的皺褶。

以身邊的舊物品自製燙衣板

花一點點時間來製作一個簡單的燙衣板！
只要利用舊的毛毯、T恤就可以製作了喔！

舊的毛毯

①摺疊好舊的毛毯，
若是毛毯太大可以
裁剪成適當的大小
後再摺疊。

舊的T恤

②將摺疊好的
毛毯塞進舊的
T恤裡面。

③將形狀整理
好，就可以當
成燙衣板了。

開始熨燙

試燙

燙斗的設定上都有註明適合各種材質的溫度是多少，轉至適當的溫度。實際要使用的布料邊端剪一點點下來，嘗試性的熨燙看看。

將針目熨燙平整

車縫後，衣服多少會受縫線牽扯，針目處有些皺摺，請以熨斗燙平整。

①車縫後如果不熨燙，布料會有些許歪斜。　②於針目處，以熨斗壓著輕微整布拉平。　③針目處變得漂亮、平整了。

燙開縫份

為了使縫份處沒有段差，因此，將縫份向左右兩邊攤開。通常會將此步驟稱為「燙開縫份」。先將針目處整燙平整後，再進行左右縫份燙開的作業。

①以食指與中指將縫份輕輕壓著，同時以熨斗將縫份向左右兩邊燙開。　②縫份漂亮的平整燙開了。

縫份倒向單邊

將縫份倒向其中一邊的熨燙方法。需要以針目車縫壓線等情形時使用，不能直接倒向單邊，要先燙平縫份後，再倒向單邊，熨燙效果會更漂亮、更平整。

 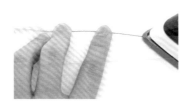 

①先以熨斗燙開一次縫份。　②一邊以手指按著，一邊以熨斗將縫份從接縫處倒向其中一邊。

背面

正面

由於有先作燙平縫份的步驟，所以從正面看也非常漂亮。

小圓弧

外口袋等地方的小圓弧，以熨斗整燙後再縫合吧！

①圓弧形的縫份以單股疏縫線，進行平針縫。

②預先準備一個剪好口袋圓弧形狀的厚紙板。將口袋圓弧形處，對齊厚紙板，拉緊疏縫線，將圓弧形作出來。

③使用熨斗的尖端部分，壓著圓弧的皺褶，將圓弧形整燙平整。

背面

正面

④取走厚紙板。完成漂亮的圓弧形。

筒狀縫份

袖子或褲子等，筒狀縫份的燙開方法。兩邊摺疊的部分不要燙扁了。

①先將針目熨燙平整。

②以熨斗的尖端滑行於縫合針目的部分，將縫份燙開。左右兩旁摺疊的部分不要燙扁了。

③熨燙完成。

使用袖燙墊

如果有袖燙墊，請將筒狀縫份穿入其中熨燙。

袖燙墊

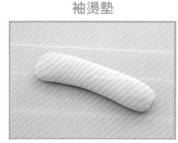

袖子形狀的熨斗台

弧度線的縫份翻回處理

將弧線縫份漂亮的翻回處理方法。

內弧線

①弧線處進行車縫。

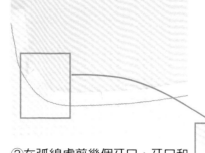
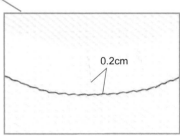

②在弧線處剪幾個牙口，牙口和車縫針目的距離約0.2cm左右。

0.2cm

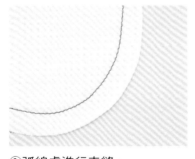

③以熨斗的尖端，一部分一部分地將縫份燙開。

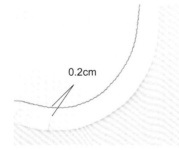

④翻回正面，以熨斗燙出平整的外型。

外弧線

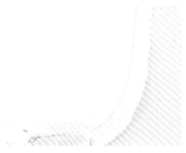

①弧線處進行車縫。

②在弧線處剪幾個牙口，牙口和車縫針目的距離約0.2 cm左右。

0.2cm

③以熨斗的尖端，一部分一部分地將縫份燙開。

④翻回正面，以熨斗燙出平整的外型。

轉角的縫份翻回處理

將車縫針定住於下方，就可以任意轉動方向車縫。
轉角的縫份摺疊於車縫線處，以熨斗壓燙處理，是漂亮完成的關鍵。

轉角的車法

①車縫至轉角處，將車縫針定住於下方，讓車針插在布料中，處於不動的狀態，只抬起壓布腳。

②轉動布料至想要車縫的方向。

③放下壓布腳，繼續進行車縫。

外角的縫份翻回處理

 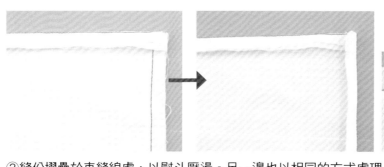

①縫合轉角。

②縫份摺疊於車縫線處，以熨斗壓燙。另一邊也以相同的方式處理，如果縫份太厚，剪掉斜角後再摺疊。

0.2cm位

 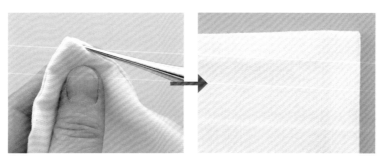

③轉角重疊的縫份以手指壓著，以一邊壓著一邊推出來的方式翻回表布。

④角度如果無法翻得漂亮時，請以錐子將角度的部分挑出來，再以熨斗整燙完成轉角。

內角的縫份翻回處理

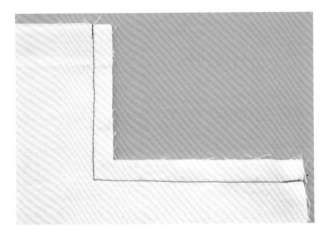

①縫合轉角。

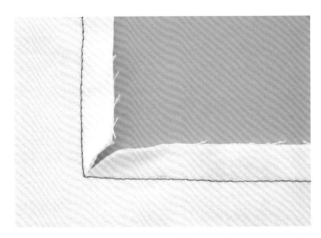

②請注意不要剪到車縫線，緊鄰著轉角處剪一個牙口。

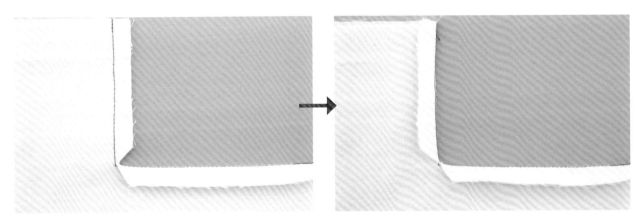

③縫份摺疊於車縫線處，以熨斗壓燙。另一邊也以相同的方式處理。

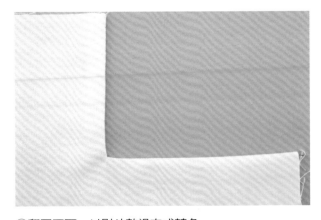

④翻回正面，以熨斗整燙完成轉角。

圓形縫份的翻回處理

本章節介紹圓形與直線的縫份翻回處理方法。
不要產生褶子或起皺，對齊記號與記號縫合後，好好利用熨斗的尖端部分，將縫份熨燙平整。

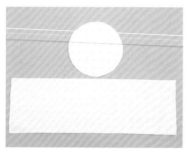
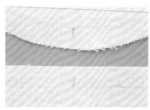

①作好縫合的合印記號。

②將長條的部分縫合成筒狀，
以熨斗將縫份燙開。

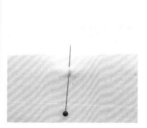

③圓形布料與筒狀布料對齊記號點，以珠針固定。首
先，對齊記號點，不要產生褶子或起皺，位置均等分配
以珠針固定。

④筒狀布料向上，進行車縫。

⑤燙開縫份。

⑥翻回正面，以熨斗的尖端，一點一點地將縫份燙開。

哇！這怎麼辦呢？
疑難排解

只要花點錢，就可請服裝店依照需求來翻新和修改你的衣服，但其實也可以自己動手試試看本書中介紹了幾種簡易且快捷的修改作法，即使沒有專門的裁縫知識，也能簡單掌握這些小方法。請務必將這些小竅門運用在快樂的生活之中！

褲腰處的鬆緊帶變鬆了！

褲子穿了幾年後，加上洗滌時的受力，褲腰處的鬆緊帶難免會變鬆。想要更換時，卻又苦於找不到鬆緊帶的出入口；再加上手邊也沒有穿引鬆緊帶的專用工具，怎麼辦呢？請好好來利用書中所介紹簡單又快捷的更換方法吧！

所需時間 10 至 20 分鐘

使用別針更換鬆緊帶的方法

①以剪刀的尖部挑斷車縫線，再剪開一個小開口。

②從小開口裡拉出鬆緊帶。

③剪斷鬆緊帶。

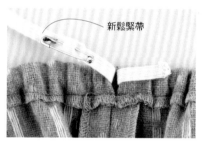

新鬆緊帶

④以安全別針將鬆緊帶和變鬆的舊鬆緊帶別在一起。

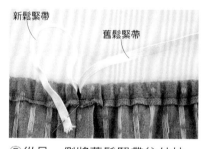

新鬆緊帶　舊鬆緊帶

⑤從另一側將舊鬆緊帶往外拉。此時，為了避免新鬆緊帶的末端被拉入褲腰裡，以珠針將其固定在布料的周圍處。

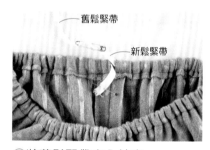

舊鬆緊帶　新鬆緊帶

⑥將舊鬆緊帶完全拉出。

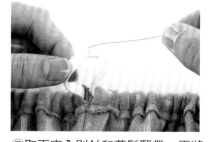

⑦取下安全別針和舊鬆緊帶。再將新鬆緊帶的兩端疊合在一起細針縫。若打成圓滾滾的結，腰處會不舒服，且一拉一鬆也容易鬆開。

⑧將步驟①剪開的小開口以細針縫補上。

⑩完成。

※此處使用的是色彩對比度明顯的手縫線。但實際縫合時，請使用與布料同色或顏色相近的手縫線。

Tips

若是更換褲腰處的鬆緊帶,長度以腰圍的90%左右為宜。不過,喜好的鬆緊程度也因人而異,所以,可以先穿一條長長的鬆緊帶在褲腰處不剪斷,待試穿後再確定鬆緊帶的長度。在剪斷多餘的鬆緊帶時,要多預留1公分(縫合兩端時的縫份)。

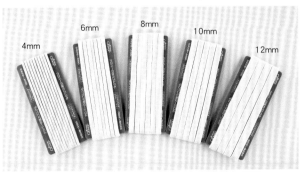

提供=CLOVER

鬆緊帶的種類

扁平鬆緊帶的寬度單位在台灣多以「分」及「英吋」來計量。可依需求選用不同粗細的鬆緊帶。

🌀 方便穿引鬆緊帶的小工具

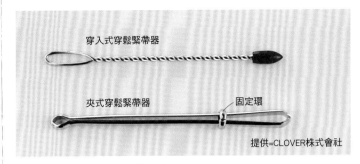

穿入式穿鬆緊帶器

夾式穿鬆緊帶器　　固定環

提供=CLOVER株式會社

剪鉗式穿鬆緊帶器的使用方法

鬆開固定套環,將鬆緊帶置於夾口之間,再以固定環固定住。

穿入式穿鬆緊帶器的使用方法

提供=CLOVER

① 在鬆緊帶一端的中心處剪一個小開口。

② 將寶石頭從鬆緊帶的小開口裡穿過去。再將鬆緊帶的另一邊從穿鬆緊帶器尾端的孔裡穿過去。

③ 抽出寶石針頭,再用力拉鬆緊帶的另一端,直到將其牢牢固定住。

寬幅鬆緊帶的穿引工具穿引較寬的鬆緊帶或帶狀物品時使用。

哇！縫姓名標籤居然有這麼多好方法！！

媽媽們要在小寶貝入學前將所有物品都標上他的大名。若偷懶直接用筆寫，會顯得既單調又無趣。所以，來花一點心思挑選一個市售的可愛名貼或姓名標籤吧！

縫製型

所需時間：5分鐘～

①準備好縫製型姓名標籤。

②將姓名標籤的兩端向背面摺疊。

③沿褶痕將姓名標籤繚縫在衣物上。若是需要用力洗滌的衣物，四邊都要進行繚縫。

黏貼型（熨燙型）

④準備好黏貼型姓名標籤。

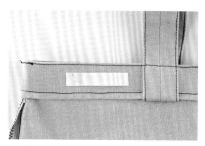

⑤將姓名標籤放在需要黏貼處，注意使用時黏接面朝下。

⑥以熨斗熨燙。

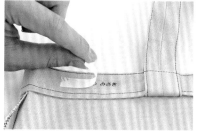

⑦待冷卻後撕掉表面的貼紙。

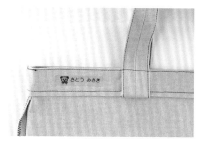

⑧完成。

方便好用的小物介紹

縫製型姓名標籤

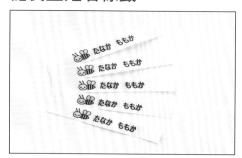

只需將兩端一摺，再縫上去就OK！各種小插圖可與姓名自由組合搭配。最低定製量30枚以上。
提供=neo.japan株式會社

熨燙型姓名貼

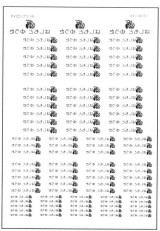

只需用熨斗一燙，即可將姓名燙印在衣物上！即使反覆洗滌也不會脫落喔！熨貼型姓名貼還可印在襪子、手帕等小物上。每張有93小枚，每用一枚再剪一枚，非常方便。共配有12種插圖。
提供=neo.japan株式會社

手工製作
更有個性、更顯水準！
專屬的個人品牌姓名標貼

Tips

為了避免自家寶貝的姓名被外人知曉，所以在校外使用的物品和校外穿的衣服，姓名標貼必須要縫在較隱祕位置。此外，由於年齡較小的小朋友們還不識字，所以在姓名標貼上最好附上插圖。將所有物品的名字標貼都用同樣的插圖，則有助於小朋友們識別自己的物品。

這裡

縫在圍裙上

縫在手提上

縫在布制玩偶或布娃娃上

縫在各種自製小物品上

News

姓名貼貼紙

姓名貼貼紙共有5種尺寸，大小物品都可貼，非常方便。

撕下來往物品上一貼就完成！即使以水沖洗，文字也不會被洗掉，耐久性相當好。可貼在便當盒、文具盒等小物品上。每份91小枚，有黑、紅、藍、綠四種文字顏色。
提供=neo.japan株式會社

裙襬要是再短一點就好了！

隨著時尚潮流的變化，有時想要將舊裙子的下襬改短一些。只要將這些裙子經過這小小的修改，立刻讓沉睡在衣櫃中的舊款裙子恢復昔日的時尚活力了！

Before

After

所需時間 30 至 60 分鐘

將裙襬不太大的裙子改短

①將裙子翻過來，在自己喜愛的長度處畫一條橫線。

②在①確定的畫線之下5cm處再畫一條線，在橫線之下5cm處再畫一條線為縫份。

③沿著②的畫線，以剪刀剪下多餘的布料。

④裙邊進行車布邊處理。

摺疊

⑤沿著①的畫線摺疊裙邊，並以熨斗將褶邊燙平。

⑥將裙邊疏縫固定。

⑦用藏針縫法（參照第14頁）將褶邊挑縫固定。

「疏縫」的方法

在車縫或用藏針縫法縫合之前，用縫線將布料固定的步驟叫做「疏縫」。疏縫固定應錯開完成線、在褶邊側進行是該步驟的關鍵所在。

①落第一針。

②以2至3cm的針腳再縫一針。

③按平行於褶邊的方向向前推進，直到將整個褶邊固定住。

將裙襬較大的裙子改短

 Before   After

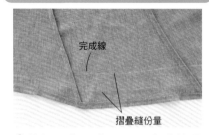

完成線

摺疊縫份量

①將裙子翻至背面，在喜愛的長度處畫一條完成線。於完成線下3cm處再畫一條縫份的橫線。

②剪掉多餘的裙邊。

③對裁剪後的裙邊進行車布邊處理。

④在③的車布邊針目旁邊再粗針目車縫一周。

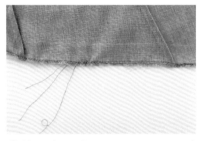

⑤剪斷車縫線，並留下較長的線頭。

⑥抽拉粗針目的上線或下線其中一條。

⑦向背面摺疊裙邊時，由於褶邊要長一些，所以需要邊摺邊拉縫線。

⑧用熨斗將褶邊熨燙平整。

⑨將褶邊疏縫固定。

⑩用藏針縫手法（參照第14頁）將裙邊挑縫固定，要細針縫。

※此處使用的是色彩對比度明顯的縫線。但實際縫合時，請使用與衣料同色或顏色相近的縫線。

買回的褲子太長了…

是不是一直都認為，修改褲長需要委託專業的裁縫師呢？其實，只要肯動手，誰都可以做到的，就從修改家居褲開始挑戰吧！

所需時間 30 分鐘～

以縫紉機修改褲長（適用於牛仔褲、純棉長褲）

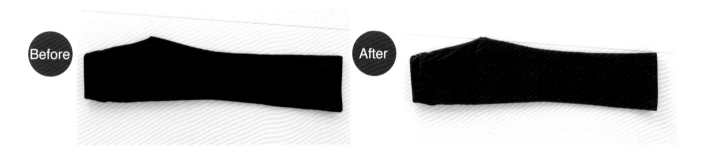

Before

After

①在自己喜愛的長度處畫一道記號線。在其下3cm處再畫一道記號線。

②沿著橫線剪掉多餘的褲管。

③另一隻褲管也剪成一樣長。

④將褲管邊向內摺疊，使布料邊與完成線相吻合。

⑤再沿著完成線向內摺疊。（形成三摺邊）

⑥為避免褶邊鬆開或移位，可用珠針或疏縫的方式將其固定住。

⑦在距褶邊0.2cm的位置用縫紉機車縫。

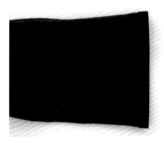

⑧完成。

※此處使用的是色彩對比度明顯的車縫線。但實際操作時，請使用與衣料同色或顏色相近的車縫線。

以專用膠帶輕鬆改褲長

所需時間 5 至 30 分鐘

 Before

After

①剪掉多餘的褲管,在自己喜愛的長度處向內摺疊。

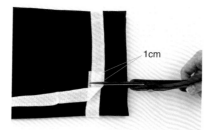

1cm

②在褲腳處纏一圈改褲長的專用膠帶。

改褲長專用膠帶

③摺邊的布邊處於膠帶正中央為宜,再用熨斗熨燙使其黏貼。

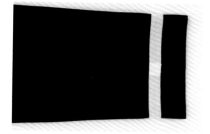

④完成。

⑤整齊又漂亮的正面。

※此處使用的是色彩對比度明顯的白色膠帶。但實際操作時,請使用與衣料同色系的專用膠帶。

改褲長專用膠帶

改褲長專用膠帶有各種各樣的顏色和尺寸,可依照衣料的顏色和寬度……選擇適合自己的產品。還可用於裙邊脫線時的應急處理。

提供=河口株式會社

糟糕！脫線了

在不知不覺中，衣服就脫線了。此時，只要將縫線斷開處，再縫上就OK了。若是線縫處的衣料破損時就要考慮使用縫補方案了。

針織衣物的脇邊脫線

開襟衫接縫處縫合與縫份邊緣的鎖邊是同時進行的，只要有一處脫線就會導致其他地方跟著脫線。所以，要趁開口還小時趕緊縫補。

①衣服翻到背面。

②沿著舊針目用半回針縫縫補。注意，縫合需從脫線口右側1cm左右處開始。

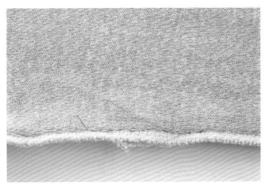

③脇邊完全縫補好。

④兩邊的縫份縫合在一起。

※此處使用的是色彩對比度明顯的手縫線。但實際縫合時，請使用與布料同色或顏色相近的手縫線。

褲子的臀部處破洞了

此處是受力較大的部位，尤其是小孩更容易破掉，
那就將它縫補得結實些吧！

 所需時間 15 分鐘～

Before

After

①用熨斗將開縫處的布邊燙平整。

②沿著舊針目痕跡將開縫的兩邊車縫在一起。裂縫的兩端處多車縫1cm左右。

③車縫完成。若只縫製一次不夠結實，可以再車縫一次。

襯衫的袖子接縫處或剪接處開口了

襯衫的袖子接縫處或剪接等車縫又壓線的部位脫線後，往往看不見原來針目的痕跡，所以要盡量細密地縫。

吃完飯後褲腰就有點緊……

使用帶有三個鉤眼的可調節型鉤釦。不過,即使是用這樣的鉤釦,可調的尺寸也不會超過3cm。若要作更大範圍的調整,就得去專門的裁縫店。

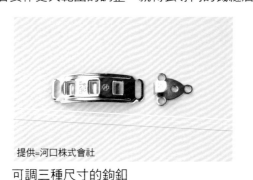

提供=河口株式會社

可調三種尺寸的鉤釦

①將帶有三個鉤眼的釦具縫在疊合布片的下片(縫法參照20頁)。

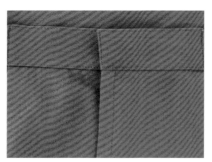

②鉤在最左處鉤眼上的情形。

③鉤在最右處鉤眼上的情形。

方便好用的小物介紹

伸縮自如的鉤釦

釦具(被鉤的一邊)上裝有彈簧,可隨著腰圍的大小變化而伸縮。縫製這種伸縮鉤釦時,應將釦具縫在重合布片的上片。也就是,與一般的縫法恰好相反。

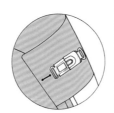

提供=CLOVER

裙腰的裡側

裙腰的外側

裙子

褲腰太鬆的情形

如果使用的鉤釦,就將釦具向內側(讓褲腰變小的位置)移動(縫法參照20頁)。若鈕釦的情形也可按同樣的方法修改。但為了不影響拉鏈的拉合,挪動範圍最好在3cm以內。

移動這裡

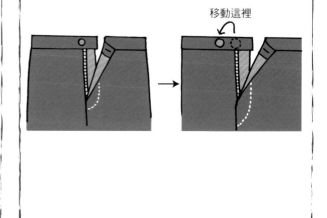

※此處使用的是色彩對比度明顯的手縫線。但實際縫合時,請使用與衣料同色或顏色相近的手縫線。

這顆釦子總是容易鬆開

這種情況在針織的衣物中比較常見。由於反覆扣上、解開的動作讓鈕釦處的衣料慢慢變得鬆弛且沒有彈性了。這個問題其實很容易解決哦！

啊？又鬆開了！

所需時間 5 分鐘～

Before

After

①變大後的釦眼。

②釦眼下側用手縫線鎖縫。

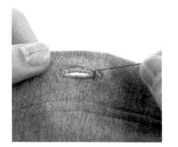

③縫完一針後，緊挨著再縫一針。重複2至3次。

④直到釦眼變小。

如何決定釦眼的大小

鈕釦的形狀、大小各有不同，其所需的釦眼長度也不一樣。一般而言，「釦眼的長度」＝「鈕釦的直徑」＋「鈕釦的厚度」。若使用非圓形的鈕釦，就將其最長處的尺寸作為直徑來計算。

橫式釦眼的情形

所謂橫式釦眼，就是開口方向與鈕釦的連線相互垂直的釦眼。鈕釦縫好後，會有一個線腳。所以，釦眼的中心應向內移一些，鈕釦釦好後，加上線腳的長度，鈕釦就恰好位於理想的中心位置。

直式釦眼的情形

所謂直式釦眼，就是在鈕釦的連線上開啟的釦眼。開啟直式釦眼時，同樣需要考慮到縫鈕釦時留下的線腳。因為，鈕釦扣好後，線腳會往下滑。所以，釦眼的中心應適當向上移一些。

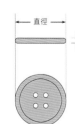
直徑 / 厚度

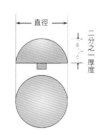
直徑 / 二分之一厚度

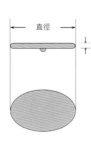
直徑 / 厚度

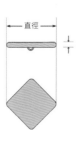
直徑 / 厚度

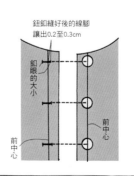
鈕釦縫好後的線腳讓出0.2至0.3cm
釦眼的大小
前中心
前中心

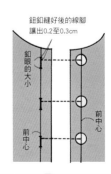
鈕釦縫好後的線腳讓出0.2至0.3cm
釦眼的大小
前中心
前中心

穿這條裙子不太好走路，想個法子改善一下吧！

在脇邊或後中心縫份處開衩，就可以輕快自如地走路了。

Before

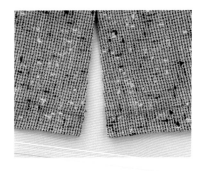

After

所需時間 20 分鐘

①將後中心線裙邊縫線拆開10cm左右。

裙衩止點

②在裙衩開口的頂端作個記號。

裙衩止點

③用小剪刀或拆線器拆開，從裙邊到裙衩止點縫線。

④用熨斗將1cm的襯布燙貼在裙衩止點。

⑤從開口處上方2cm左右的位置往下車縫，並在止點進行回縫。

車縫止點

⑥用熨斗將車縫處熨燙平整。

⑦用熨斗熨燙出裙衩的形狀。

⑧對裙衩的褶邊疏縫固定。

⑨用藏針縫的手法（參照第14頁）將裙衩的褶邊縫合固定。

⑩車縫好褶開的裙邊。

⑪為防止裙衩底端鬆開翹起，需用藏針縫（參照第14頁）進行細針縫。

Tips

拆縫線時，若用小剪刀不好拆時，改用專門的拆線器可以輕輕鬆鬆拆到底。

提供=CLOVER株式會社

爸爸最喜歡的領帶下端有點磨破了

領帶的下端常會掃到皮帶釦，容易產生磨損。所以，將領帶改短1cm左右，不僅磨損處可以被完美地隱藏起來，還不會影響領帶的使用。

所需時間 20 至 30 分鐘

 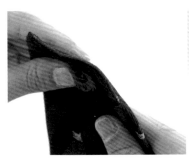 

①拆開領帶背面下端的縫線。

②裡布的縫線也拆開。

1cm

③依照原來的形狀將襯平行剪掉1cm左右。

④沿著襯墊的輪廓將表布向內摺疊，並用熨斗燙平。

⑤若有多餘的裡布，也依照原來的形狀平行剪掉1cm左右。

⑥將裡布置於表布的褶邊上，使其長度比表布短0.1cm，再疏縫固定。

⑦以藏針縫進行細針縫（參照14頁）。

⑧拆掉疏縫線。

⑨對背面的疊合處稍加縫合。

※示例中使用的是色彩對比明顯的手縫線。但實際操作時，請使用與衣料同色或顏色相近的手縫線。

襯衫的袖口有點磨破了

男士的長袖襯衫中最容易磨損的部位就是袖口和領口。
若只有袖口磨破了,那就乾脆把它改成短袖吧!

Before

After

①測量手邊的短袖襯衫的袖長,或直接
量衣服主人的肩與肘部之間的尺寸。

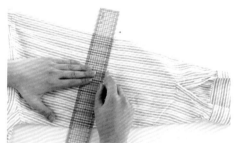

②以袖山處為起點測量袖長,並在袖口
位置畫上記號。此時,尺與袖線呈垂
直。

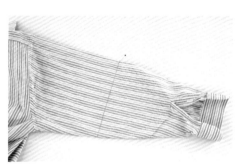

③畫上完成線。

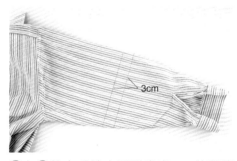

④在③的完成線之下再畫出3cm的記號
用於褶邊。

⑤沿著④的畫線裁掉多餘的袖子。

⑥以同樣的尺寸裁掉另一隻袖子。

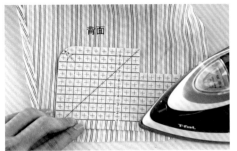

⑦將袖口向背面摺疊1cm。

⑧褶邊1cm。

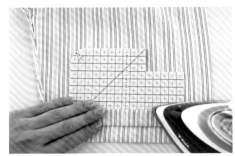

⑨再摺一個2cm的褶邊。

⑩褶邊完成後的樣子（三摺邊）。

⑪用珠針將褶邊固定住避免散開和錯位。

⑫抽起縫紉機機台的配件盒。

⑬距褶邊0.2cm的位置進行車縫。

※示例中使用的是色彩對比明顯的車縫線。但實際操作時，請使用與布料同色或顏色相近的車縫線。

Tips

耐熨燙的方格尺

畫滿了邊長1cm小方格的熨斗用定規尺，夾在兩層衣料之間，可簡單量出褶邊的寬度。若沒對目標位置事先作好記號，熨斗用定規尺即可幫您輕鬆找到。其材質耐高溫，即使放在熨斗下熨燙也沒關係。使用它，就能輕易作出筆直、平整的褶邊。

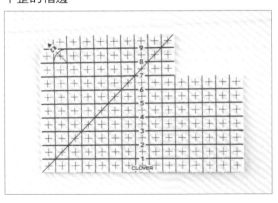

提供=CLOVER株式會社

洗過的純棉褲子縮水了怎麼辦？

純棉的褲子（尤其是牛仔褲）經過多次洗滌後，褲腳會縮水變短。即使是褲腳褶邊比較窄的褲子，也能加長2cm左右。除了褲子，也可用於想要加長、但褶邊又不夠寬的其他衣物。

Before

After

所需時間 40 至 60 分鐘

※為了讓示例看起來顯眼，此處特地使用了紅色的斜布條。但實際操作時，請使用與布料同色系的斜布條。

①拆開褲管的縫線。

②熨燙褶線處，使褶痕不明顯。

③把褲管邊和斜布條正面相對地疊合在一起，用珠針固定住。

④在距褲管0.5cm處車縫一圈。

⑤斜布條作為褶邊摺到褲腳裡面。

⑥沿斜布條處車縫一圈。

關於斜布條

相對於直布紋（參照88頁）45°稱之為「斜布紋」，以45°裁剪為條狀的布料，稱之為斜布條。

兩摺型
常用於領口、袖口、裙邊等部位的褶邊。使用時，先將斜布條摺在衣物的背面，再車縫固定。弧度較大時，用剪刀開幾個牙口後再摺邊，這樣才可以摺得更平整、更漂亮。

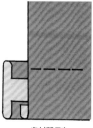
對摺型

包邊型
用於包邊或滾邊裝飾。使用時，用斜布條將衣物的底邊包住形成一個滾邊。

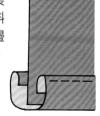
包邊型

將褲管的雙褶邊改成普通的褶邊

把褲管處的雙褶邊改成普通的褶邊，褲子的風格將隨之改變。同時，原本有些磨損的舊褲管也會煥然一新。真是一舉兩得啊！

所需時間 30 分鐘～

Before

After

①拆除雙褶邊兩側的縫線。

②將褶邊翻開，用牙刷刷掉沉積在內部的灰塵。

③把褲子翻過來拆掉褲管的縫線，再用熨斗熨燙平整。

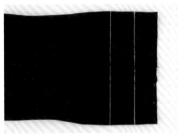

④在完成線處畫一道記號，再留5cm的褶邊，並作好記號。

⑤裁掉多餘處。

⑥布邊進行Z字形車縫。

⑦沿著完成線向上摺，再疏縫固定。

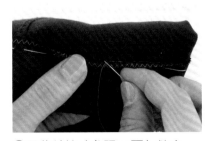

⑧用藏針縫（參照14頁）縫合。

⑨拆掉疏縫線。

※示例中使用的是色彩對比明顯的縫線。但實際操作時，請使用與衣料同色或顏色相近的縫線。

修改褲管的大小

由於脇邊和大腿內側的縫份較窄，褲管只能放寬1至2cm。此外，放寬後還會露出以前的針目。所以，不建議將褲管放大。相反地，將褲管改小就簡單多了。

Before

After

所需時間 20 分鐘～

①拆掉褲管的縫線。

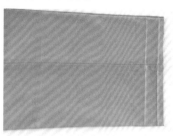

②用熨斗將褶邊燙平。

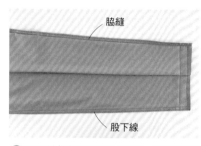

脇縫

股下線

③股下線與脇線從膝蓋處開始重新畫直線。為了使縫份反摺上來時的返摺量可以足夠，所以完成線以下的縫份要預留寬一些。

④修改線以外2cm左右的位置下針，在舊針目上再次車縫。

⑤沿著步驟③的修改線車縫。

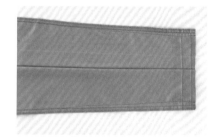

⑥針目處燙平。

⑦沿著新的車縫線將縫份向後摺疊（脇邊、股下線）。

⑧脇邊及大腿內側處的縫份太寬時，要將多餘的部分剪掉，留下0.3cm左右即可。

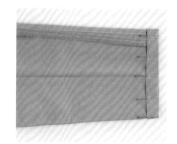

⑨褲腳摺成三摺邊，並用珠針固定住。

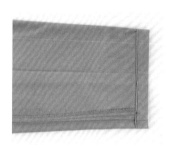

⑩距褶邊0.2cm處進行車縫。

魔鬼氈失去黏性了

魔鬼氈用久後，毛茸茸那一面的絨毛會漸漸變少，於是就會有些貼不牢。此時，可買個新的魔鬼氈來換一下！

所需時間 10 分鐘～

①拆掉絨毛變少的舊魔鬼氈。

②準備好一塊同樣大小的新魔鬼氈。

③將新魔鬼氈疏縫在原來的位置。

④對新魔鬼氈的四邊進行車縫。

Tips

魔鬼氈
長條形的魔鬼氈可根據需要剪成適當的長短。
還有如圖所示的鈕釦形魔鬼氈。

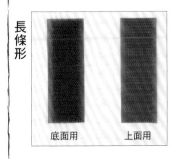

長條形

底面用　　　上面用

鈕釦形

※示例中使用的是色彩對比明顯的車縫線。但實際操作時，請使用與布料同色或顏色相近的車縫線。

拉鍊壞了怎麼辦？

拉鍊基本上都很結實，不容易壞，但難免也會遇到，書中所介紹的方法可以輕鬆完成。換褲子的拉鍊有一定難度，但短裙或連身裙的拉鍊是可以自己動手換的喔！

普通拉鍊的換法

①將縫紉機的壓腳換為拉鍊壓腳。

②依序拆除腰帶、裡布和拉鍊處的縫線。

③準備好新拉鍊。拉鍊的長度應比裙子上的拉鍊開口長1cm左右。

④將拉鍊開口熨燙平整。

⑤將拉鍊置於在拉鍊開口之下，用珠針固定住。

⑥疏縫固定。

⑦拉開拉鍊並開始車縫。

⑧車縫到一半後再拉上拉鍊，並車縫完剩下部分。

⑨合上裙子的開口處，用珠針固定。

⑩疏縫固定。

⑪車縫固定上片的拉鍊。

⑫對開口止點進行車縫。

⑬把拉鍊與裡布縫合在一起。（參照14頁直針繚縫的縫法）。

⑭縫合拉鍊的另一邊。

⑮將腰帶翻過來置於在裙子的表布上。

⑯車縫好步驟②拆開的兩處。

⑰立起腰帶來，對其周邊進行縫合。

⑱完成。

※示例中使用的是色彩對比明顯的縫線。但實際操作時，請使用與布料同色或顏色相近的縫線。

縫製隱形拉鍊

①準備好隱形拉鍊壓腳。

②拆掉貼邊四周的縫線。

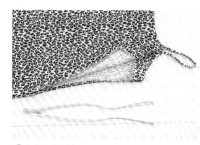

③拆開拉鍊。

④用熨斗將縫份燙平。

⑤開口兩側疊合在一起，用珠針固定。

⑥以縫紉機的最粗針目，車縫至拉鍊止點。

⑦燙開縫份。

⑧隱形拉鍊的正面貼上定位膠帶。若沒有定位膠帶，可用疏縫線疏縫固定。

⑨拉鍊兩側都貼上膠帶。

⑩撕掉膠帶表面的貼紙。

⑪將拉鍊貼在縫份上，黏貼時使拉鍊齒與針目剛好吻合。再用熨斗熨燙黏貼。

⑫拆掉疏縫線。

⑬拉開拉鍊進行車縫。

⑭將隱形拉鍊的布邊與縫份一起車縫。

⑮拉上拉鍊。

⑯隱形拉鍊的布邊縫合到步驟②拆開的貼邊內。（參照14頁直針繚縫的縫法）

⑰完成。

※示例中使用的是色彩對比明顯的車縫線。但實際操作時，請使用與布料同色或顏色相近的車縫線。

方便好用的小物介紹

定位膠帶　筆型布用口紅膠

用於代替疏縫的方便小物。在沒有疏縫線或趕時間時都可以利用。不過，這些產品都只是暫時性的黏接，下水之後就會失去黏性。所以，黏接後請務必車縫。

提供＝河口株式會社

紅白帽的鬆緊帶失去彈性了

帽子還好好的，但鬆緊帶已經沒有彈性了，買新的又覺得有點浪費……
其實，只要換條鬆緊帶，就可以繼續使用。既然如此就花一點功夫來換吧！

Before

After

所需時間 10 至 20 分鐘

①拆掉鬆緊帶兩端的縫線。（1cm左右）

②取下鬆緊帶。

③準備好6mm左右的鬆緊帶。測量小朋友頭的尺寸後確定鬆緊帶的長度，剪鬆緊帶時別忘了加上1cm的縫份。

④新鬆緊帶放入步驟①拆開的小開口裡。

⑤用珠針或疏縫固定。

方便好用的小物介紹

柔和型帽帶是為皮膚細嫩、不喜歡彈力太強的鬆緊帶的人士所設計的。與相同粗細的其他鬆緊帶相比，彈力更小、收縮性更大。

⑥縫紉機換上適當顏色的上線和下線。此處使用紅色的上線、白色的下線。再將拆開處車縫好。

⑦鬆緊帶換好後再縫上小朋友的姓名標貼。
提供=neo.japan株式會社

提供=clover株式會社

被小狗咬壞的布玩偶，有沒有辦法補好呢？

喜愛的布玩偶，即使是有點破了也捨不得扔掉。
雖說小熊的表情會和以前有點不一樣，但總算是補好了！

Before

After

所需時間 10 分鐘

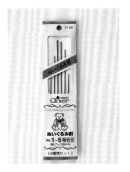

①縫補布玩偶時，應事先準備好布玩偶專用的手縫針。

②從最不顯眼的後腦勺下針並對準眼睛的位置刺下去。

③用黑色的附釦腳鈕釦當小熊的眼睛。將縫線穿過鈕釦的釦眼，再將手縫針刺回去。

④稍微用力拉一下。

⑤不要剪斷線，重複步驟②至③縫好另一隻眼睛。

⑥不要剪斷線，將針紮向鼻子的位置，縫好鼻子處的鈕釦。

⑦縫好鼻子。

⑧在後腦勺打止縫結。最後在小熊的脖子上繫一條緞帶以蓋住縫線。

※示例中使用的是色彩對比明顯的手縫線。但實際操作時，請使用與布料同色或顏色相近的手縫線。

傘布和骨架分離了！

使用雨傘時，最容易損壞的就是傘布與傘架縫合處。打開不好修，
收攏再縫就簡單多了。

Before

After

所需時間 5 分鐘

①為了縫得牢固，穿針時穿雙線。
縫合時，從雨傘的背面下針。

②針線由傘骨的孔裡穿過，並縫製
在另一側的布料上。

③重複步驟①至②2至3次。

※示例中使用的是色彩對比明顯的手
縫線。但實際操作時，請使用與面料
同色或顏色相近的手縫線。

④為了縫得更加牢固，縫線繞傘骨2
、3次。

⑤在繞線的上側打止縫結，完成。
*縫製時請將雨傘收攏。

黑色的T-shirt褪色了

衣服經過多次的洗滌後，難免
會褪色。為了讓自己喜歡的
T-shirt穿得更久一些，就染一
染，讓它重現當初鮮亮的濃黑
吧！現在，市面上有許多加水
就可用的方便染料。本書使用
的是DYLON染料。

所需時間 3 小時 30 分鐘～

Before

After

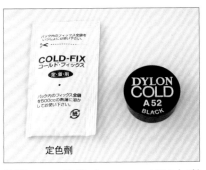

使用DYLON冷染（DYLON COLD）彩色（黑A52）染料。

提供=DYLON-JAPAN株式會社

①浸染前，務必將衣服洗淨，去除髒汙、粉漿以及柔軟的異物。洗後就直接放在水盆裡，不要晾乾。

②倒入一罐DYLON COLD染料（黑A52）加入500毫升溫水（40至50℃）並充分攪拌使其完全溶解。

③3袋定色劑和250克食鹽倒在熱水裡，充分攪拌使其完全溶解。

④把步驟②與③的溶液混合在一起，再往裡面加入適量的水，以剛好能將T-shirt浸泡在裡面為宜。

⑤待染的T-shirt放入步驟④的溶液裡。放入時要記得帶上塑膠手套。

⑥充分揉洗30分鐘左右，再浸泡2小時30分鐘，並時常攪拌一下。

⑦清水反覆漂洗後，再用熱水加中性洗滌劑清洗。

⑧用清水漂洗乾淨，脫水後掛在陰涼處晾乾。

⑨完成。

♻ 延緩深色T-shirt等衣物褪色的洗衣技巧

①不要將深色和淺色衣服放在一起洗。
②避免使用含漂白劑的洗滌劑。
③機洗時，將衣服翻過來放在洗衣網內。
④翻面陰涼處晾乾。

Domal Black Fasion
最近，市面上有具有防褪色功能的洗滌劑，能有效減慢褪色速度。此處所介紹的是黑色衣物專用的洗滌劑。

提供=Japan.international.commerce

最喜愛的衣物沾上污漬了，怎麼辦？

一不小心衣服上就沾到污漬時，立刻就洩氣還太早！在把衣服送去專門洗衣店之前，請務必先嘗試一下這些簡單可行的小妙招。

污漬可分為三大類

水溶性

能溶於水的污漬，如醬油、咖啡等。

油性

含油分的污漬，如咖哩、口紅、圓珠筆油墨等。

不溶性

不溶於水也不溶於油的污漬，如泥巴、口香糖等。

※在識別污漬到底是水溶性還是油性時，可滴一滴水在污漬上面，如果水能滲入到污漬裡，則說明是水溶性的；如果互不相溶，則說明是油性的。

去除污漬的原則

1 立即去除

時間過拖越久越不容易去除。大多數的水溶性污漬只要用水一洗即可被清除，所以一旦沾上污漬就儘快把它處理掉吧！

2 不要擦拭

擦拭可能會把衣服弄壞。最好的方法是在衣服下墊上毛巾再輕輕按壓，讓毛巾把污漬吸走。

3 從污漬外側開始去除

若從污漬中心開始蘸上藥品或水，污漬會向外擴散，反而會弄髒衣物。所以，一定要從外側開始、小心處理。

各種污漬的處理方法

介紹日常生活中易沾上的各種污漬的去除方法。處理時，請先在衣服下墊上毛巾，然後對症下藥地從污漬的背面進行處理。

醬油、調味汁

醬油是水溶性的，調味汁是油性的。但基本上它們的去除方法是一樣的。首先，立即用紙巾完全吸掉污漬中的水分，再用牙刷蘸上中性洗滌劑輕輕拍打。

咖哩、肉汁

將中性洗滌劑加在溫水中，再用牙刷或棉花棒蘸上輕輕按壓即可去除。另外，用固體肥皂輕輕擦拭也可去除。若污漬沒有立即處理，在衣服上留下了色斑，請用適合該衣服質料的漂白方法進行漂白處理。

口紅

用布蘸上揮發油或酒精輕輕按壓即可。

泥漿

將泥漿完全烘乾後，用牙刷將泥土輕輕地刷掉，再用牙刷蘸上中性洗滌劑輕輕拍打。雖然是泥漿，但其中大多混有汽油等油性物質。因此，多數情況下只用水是不能完全去除的，一定要注意這一點。

粉底液

先用紙巾將粉底液中的粉盡可能地擦掉，再用牙刷或棉花棒，蘸上酒精輕輕按壓。

原子筆的油墨

用布蘸上酒精的水溶液輕輕按壓。

善用隨手可得的小物去除污漬

・用「蘿蔔」去血漬

將蘿蔔切開，用其切口擦拭血漬部位。（或在血漬上鋪一層蘿蔔泥，再輕輕拍打。）蘿蔔中含有一種叫澱粉酶的成分，能將血液分解、徹底去除。※血液和牛奶、雞蛋一樣，含有蛋白質成分，所以，不能用熱水來洗血漬。

・用「砂糖水」去除陳年的水溶性污漬

用布蘸上稍甜的砂糖水（放入1至2大匙砂糖至100毫升溫水內）輕輕按壓即可。雖然不知道是什麼原理，但蠻管用的，是流傳許久的好方法。

・在外用餐時用「米飯」去除調味汁、番茄醬的污漬

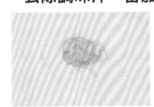

當調味汁、番茄醬沾到衣服後，可立即用煮熟的米粒擦拭。米粒可以吸收液體，避免滲透到衣料內。回家後，只要再用水搓洗即可。

・用「吐司」去除熨斗燙焦和包包上的污漬

用吐司中間白色部分對污漬部位進行擦拭，就像用橡皮擦擦掉鉛筆筆跡一樣。輕輕鬆鬆將熨斗燙焦處和包包上的污漬帶走，乾淨得讓人覺得不可思議。請儘量使用鬆軟的麵包。

・用「檸檬」去除咖啡漬或紅茶漬

時間一久就難以去除灑在衣服上的咖啡和紅茶漬，但檸檬對此有奇效。只要用布蘸上檸檬汁輕輕按壓，再用熱毛巾輕輕擦拭即可徹底去除。※沒有檸檬時，可用醋代替。

・用「卸妝水」或「爽膚水」去除粉底液

在沾有粉底液的地方滴幾滴卸妝水，再輕輕搓洗。和卸妝一樣，沾在衣服上的粉底液也可用卸妝液輕鬆除去。此外，還可用棉花棒蘸上含酒精的爽膚水輕輕擦拭，其中的酒精成分能有效地去除粉底液。

去污漬時使用的小物品

參考文獻
《鮮為人知的家政技巧和祕訣》、《鮮為人知的家政技巧和祕訣2》（以上為河出書房新書出版）、《完美主婦》（主婦和生活社出版）《過日子的智慧366》、《生活寶典800》（以上為BOUTIQUE出版）
插圖=森萬里竹子

酒精
乙醇的一種，主要是被當作消毒液。可在藥房買到。

中性洗滌劑
用來洗碗的洗滌劑。可溶解食用油，所以，無論是水溶性，還是油性的污漬都能徹底去除。

氨水
氨的水溶液，是用來殺蟲的藥品，藥房有售。

揮發油
汽油的一種。石油蒸餾後製成的液體，藥房有售。

雙氧水
過氧化氫的水溶液，常用於消毒、殺菌和漂白，藥房有售。

熨燙襯衫有訣竅嗎？

襯衫最重要的地方就是袖口和領口。如何將這兩處燙平整是熨燙襯衫的關鍵所在。記住，燙衣服不只是來回滑動熨斗，還需要時不時地用力按壓。若不熟練掌握這些技巧，反而會意外地弄出些縐褶來，只要多練習幾次後就會有很大的進步。

所需時間 10 至 20 分鐘

Before

After

提供=T-fal集團日本販賣株式會社

準備好熨斗、燙衣板。使用平展的燙衣板是燙好衣服的前提。

①熨燙袖口。將袖口內側（接觸手腕的一側）平鋪開，熨燙時左手用力將袖口向左側牽拉。

②熨燙橫向開口時，也是在背面進行。

③將袖筒對摺，熨燙出兩條褶痕。

④使用整個熨斗表面對袖筒進行熨燙。

⑤熨燙衣領。在衣領的內側進行。熨斗從衣領的一端向中心滑動,直到三分之二左右的位置,左手要一邊用力拉。

⑥熨斗換到左手,從衣領的另一端開始向中間熨燙,直到三分之二左右的位置。

⑦熨燙剪接處。

⑧沿著衣領接縫滑動熨斗,就可以使衣領就變得硬挺了。

⑨熨燙襯衫的後衣身。

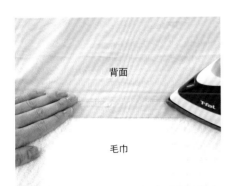

⑩熨燙襯衫的衣身。熨燙有鈕釦處時,在襯衫下面墊一條毛巾,就不會留下鈕釦的痕跡了。

⑪對整個前衣身進行熨燙。

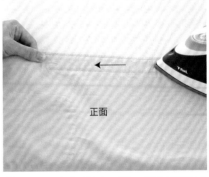

⑫熨燙前衣身的另一側。熨燙釦眼部位時,要用力拉。

有沒有使凸出的膝蓋處變平整的方法呢？

介紹一種利用熨斗高溫和蒸汽來撫平膝蓋處的方法。

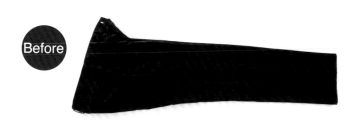

①準備一個噴水器。有了蒸汽熨斗後，很多人覺得不需要特地準備噴霧器，其實，有了噴霧器就可以多噴點水，燙衣服時就更加方便了。

②將褲子翻過來，在膝蓋處噴點水。

③並不是立刻就對膝蓋處進行熨燙，而是從周圍向膝蓋凸出處熨燙。熨燙時，要將熨斗稍微抬起一些。

④將另一側的布料也從外側往中心熨燙。

⑤對膝蓋處進行熨燙。剛開始時，要將熨斗稍微抬起一點，再逐漸用力按壓。

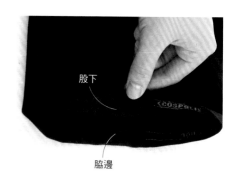

⑥將股下和大腿內側的縫份疊合在一起。

股下

脇邊

⑦若有褶線噴霧，就對褶痕處噴灑。

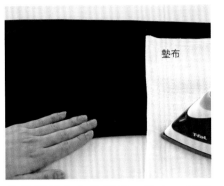

⑧熨燙前中心的褶痕。墊上一層墊布，可防止布料變得光溜溜的，就可以放心地熨燙了。

⑨順著褶痕往上熨燙，直到褲腰下為止。

⑩熨燙褲子的後面。與前面一樣，從褲管開始往上熨燙，直到褲腰下為止。

⑪熨燙褲腰和後臀部的褲袋。

⑫膝蓋處凸出處不見了，變得非常平整。

⑬用同樣的方法熨燙另一隻褲管。

方便好用的小物介紹

強力褶線定型劑
熨燙前向褶痕處噴一噴，讓褶痕更加持久的定型噴霧劑。百褶裙等有皺褶的衣物也可使用，非常方便。使用時，請先在廢棄布料或不顯眼的地方試用一下。

提供＝河口株式會社

啊！又破了！怎麼辦？

衣服被燙壞或摔跤時被摩擦破……事後若能完美地修補好，就還可以繼續穿。但用傳統的手縫法一針一針地縫補，就算補得再好也看得出來。不過，現在有了修補破洞的專用布料，精工縫補就變得簡單可行了。

因為摔跤而磨破膝蓋

修補用布料

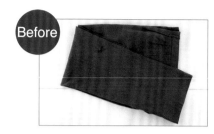
Before

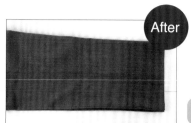

After

所需時間 10 分鐘～

①將露出線頭的破洞處修剪整齊。

②若破洞較大，用原處的布料不能修復。所以，需準備好表面和裡面用的修補布料。

內側用　表面用

③將修補裡面用的布料放置於破洞的裡側。

④將修補表面用的布料放置於洞的上面。

⑤墊上墊布後熨燙。

⑥放置到完全冷卻為止。

襯衫的下襬被鉤破了

修補用布料

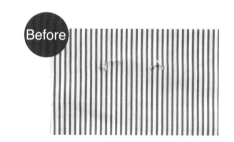
Before

After

所需時間 10 分鐘～

①將露出線頭的裂口處修剪整齊。

②用熨斗將破裂處熨燙平整，到肉眼看不出有裂口。

③剪下一塊比裂口稍大的修補布料。
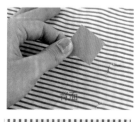

④將修補布料黏接面朝下放在裂口上。再鋪一層墊布。
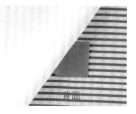

⑤用力壓燙，不要滑動熨斗。

⑥放置到完全冷卻為止。
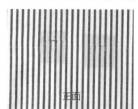

袖口被滑雪板弄破了

修補用背膠布料

Before

After

所需時間 5 分鐘

①剪下一塊比裂口稍大的尼龍型背膠布料。

②撕下背膠表面的貼紙。

③將背膠布料貼在裂口表面上。

④完成。
＊該方法適用於不能用熨斗燙貼的衣料。

這怎麼有個燙壞的小洞呢？

修補用黏接粉

Before

After

所需時間 20 分鐘～

背面

①沿燙焦的破洞邊稍微剪掉一點。

②從褶邊上剪下一塊衣料用於修補破洞。

③從步驟②剪下一塊與步驟①的破洞大小相當的衣料，並從背面把破洞堵住。

④撒上修補用黏接粉。

⑤準備一塊與破洞大小相當的衣料蓋在破洞上，再用熨斗燙貼。

毛衣的手肘處破了個洞

Before

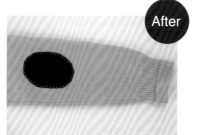
After

所需時間 30 分鐘～

①準備雙面襯。

②準備兩塊補丁衣料。並在其周圍預留1cm 左右的縫份用料。

③剪下一塊與補丁大小相同的雙面襯。

④在步驟②的背面摺出1cm，再貼一層雙面襯。

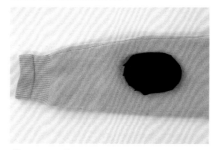

⑤將步驟④的黏接面朝下放在毛衣的破洞。

⑥鋪上一層墊布。

⑦用熨斗熨燙時。不要滑動熨斗，用力按壓即可。

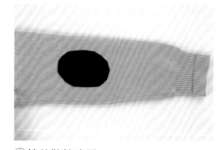

⑧等待散熱冷卻。

⑨用不同顏色的手縫線沿周邊平針縫一圈。既牢固又美觀。

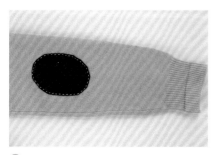

⑩完成。

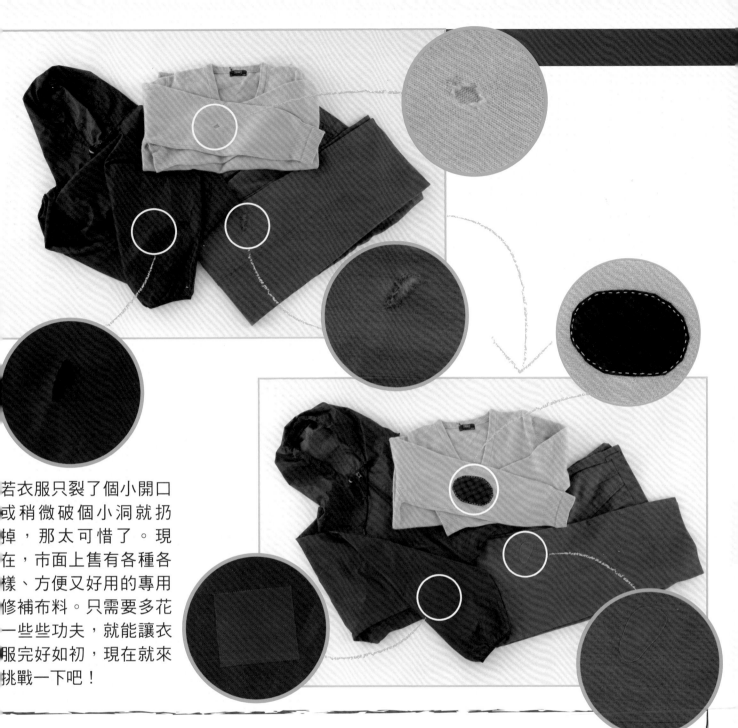

若衣服只裂了個小開口或稍微破個小洞就扔掉，那太可惜了。現在，市面上售有各種各樣、方便又好用的專用修補布料。只需要多花一些些功夫，就能讓衣服完好如初，現在就來挑戰一下吧！

News

普通衣料及加厚衣料用修補布
（6cm×30cm）

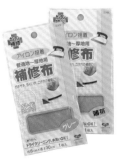

佳績布用修補布
（11cm×32cm）
※A、B套件
（7cm×22cm 四色裝）

尼龍用修補布
（7cm×30cm）

雙面襯
（15cm×40cm 2片裝）

固定裙襬裡布的縫線掉了

固定裙襬表布與裡布的目的在於：為了使裡布不會外翻、不會扭轉。
縫線以**30**號粗細的縫線來製作，以編織鎖鏈縫的方法進行編織。

※為了更清楚示範，本章節使用較為醒目的縫線，
　實際上製作時，請使用與本布相同顏色或相近顏色來製作。

所需時間 10 至 20 分鐘

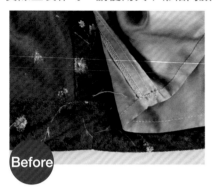

Before

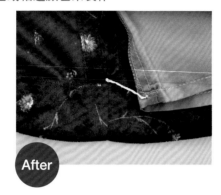

After

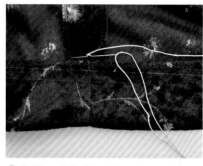

①在欲固定裙襬的位置上，先打一個止縫結，再挑入一小針。

②再挑一小針作一個圈。

③於步驟②穿入縫線，再作一個圈後，拉緊步驟②的圈。

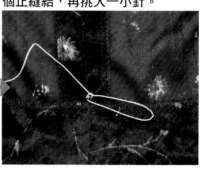

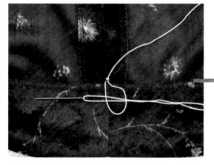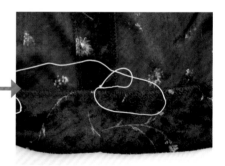

④與步驟③同樣的穿入縫線，再作一個圈。重覆穿入縫線後拉緊圈圈的作業，製作**2**至**3cm**的長度。

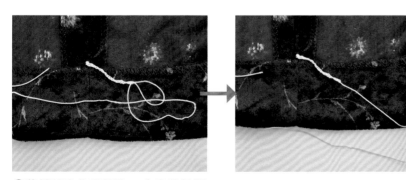

⑤將縫線穿入圈圈內，穿出後拉緊。

⑥相反側的縫繩於固定位置處，挑2至3針後，打止縫結。

百褶裙的褶子不明顯了

慢慢消失的百褶裙褶線，再次熨燙出明顯漂亮的線條，
讓它成為時尚百搭的衣物。

所需時間 10 至 20 分鐘

Before

After

①先將褶線部分的髒污與塵埃去除
乾淨。以褶線噴霧劑於褶線處將布
料噴至濕潤。

②整燙褶線時，先放上墊布，再以
熨斗熨燙至完全乾。

方便好用的小物介紹

「強力褶線定型劑」

於褶線部分噴上噴霧劑後，再以熨斗熨燙，
可以讓褶線保持更久的噴霧劑。像是百褶裙
之類的衣物，想要褶線更明顯時使用，非常
方便。使用前，請先以多餘的布料或不太明
顯之處，試用看看效果後再實際操作。

提供＝河口

這樣洗行嗎？

沒看清標籤上的說明就洗滌和熨燙衣服，容易造成衣服縮水或損壞，你有沒有遇過這樣的情形呢？
再來溫習一遍已經熟知或還不曾見過的洗滌標識，讓洗衣時作到零失誤。

洗滌標識及其含義一覽表（JIS）

標識	含義	標識	含義
95	水溫95℃以下水洗	不可熨燙	不可熨燙
60	水溫60℃以下水洗	乾洗	使用四氯乙烯或石油系列的溶劑
40	水溫40℃以下水洗	乾洗 石油系列	使用石油系列的溶劑
40	40℃以下輕柔機洗或小心手洗	乾洗	不可乾洗
30	水溫30℃以下輕柔機洗或小心手洗	輕柔擰乾	用手輕輕擰乾或短時間脫水
水洗 30	（不可用洗衣機洗）水溫30℃以下小心手洗		不可擰乾
	不可水洗		懸掛晾乾
可氯漂	可使用含氯漂白劑進行漂白		懸掛於陰涼處晾乾
不可氯漂	不可使用含氯漂白劑進行漂白	平鋪	平鋪晾乾
高	210℃（180℃至210℃）以下高溫熨燙	平鋪	陰涼處平鋪晾乾
中	160℃（140℃至160℃）以下中溫熨燙	40 使用網兜	機洗時使用洗衣袋
低	120℃（80℃至120℃）以下低溫熨燙	高	熨燙時使用墊布

一天就能作好的布小物

只需利用孩子出門上學這段時間，就能夠完成的簡單布小物。偶爾也來體驗
一下自己動手製作的樂趣吧！雖然有很多是要用縫紉機車縫的作品，但也有
許多只要手工縫製就OK的物件。

縫製布小物時的必備工具

有了這些工具，就能作出大部分的手作小物。等熟練後，再依據個人的需要添置一些方便適用的新用具。

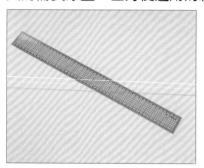

方格尺

用於繪圖和測量尺寸。每隔5mm就有一條刻度線，繪製平行線時也很方便。

30cm和50cm的各備一支，手作過程進展會更順利。

疏縫線

還不熟練手縫時，就先疏縫後再正式縫製，這樣會縫得更加整齊、漂亮。一般使用白色的疏縫線，但隨著布料顏色的不同，而需要使用顯眼的粉紅色或藍色的疏縫線。

提供=clover株式會社

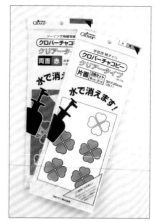

布用複寫紙

繪製完成線或作記號時使用。將其夾在紙型和衣料之間或衣料和衣料之間，再用點線器將畫線印到衣料上。單面複寫、雙面複寫的都有。

提供=clover株式會社

布剪

剪刀的握持方法和使用方法請參照第6頁。

提供=clover株式會社

手縫必要工具

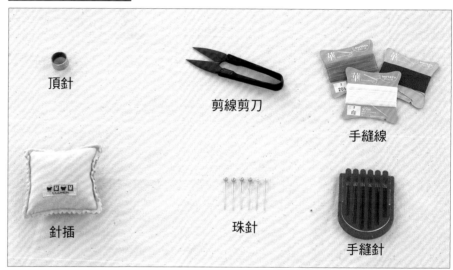

頂針

剪線剪刀

手縫線

針插

珠針

手縫針

這些都是手縫時的必備用品，請務必要備齊喔！詳細的使用方法請參照第6至7頁。

手縫線提供= Fujix株式會社/其他= clover株式會社

縫紉機

使用方法請參照第24頁。

提供=brother販賣株式會社

熨斗

使用方法請參照第36頁。

提供=t-fal集團日本販賣株式會社

認識布料、縫線和車縫針

為了能縫得牢固，有必要對布料、縫線和車縫針的種類有基本的認識。厚質布料要使用厚型布料專用的縫線和車縫針；薄型布料應使用適合薄型布料的縫線和車縫針。若用與布料不相匹配的針和線，就有可能引起跳線、斷線、斷針等異常情況。

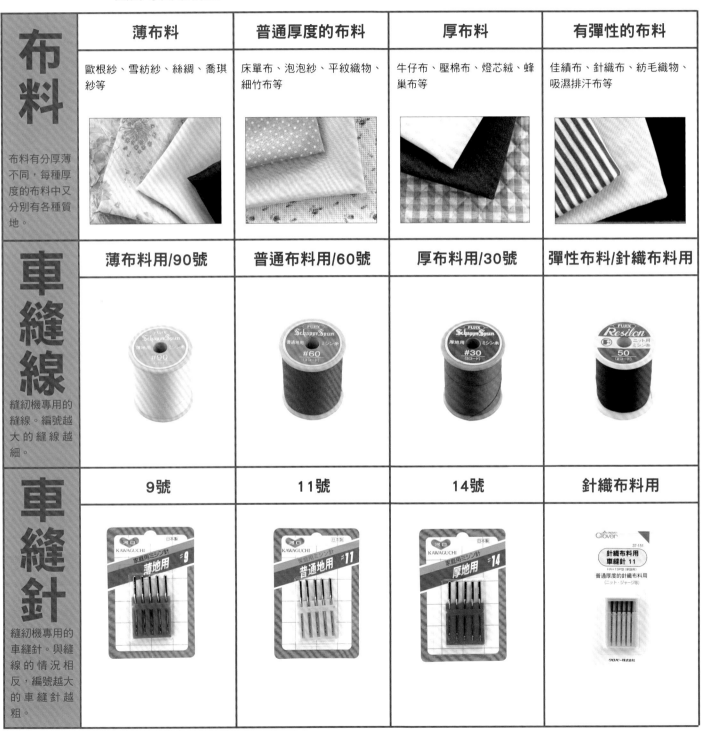

	薄布料	普通厚度的布料	厚布料	有彈性的布料
布料 布料有分厚薄不同，每種厚度的布料中又分別有各種質地。	歐根紗、雪紡紗、絲綢、喬琪紗等	床單布、泡泡紗、平紋織物、細竹布等	牛仔布、壓棉布、燈芯絨、蜂巢布等	佳績布、針織布、紡毛織物、吸濕排汗布等
車縫線 縫紉機專用的縫線。編號越大的縫線越細。	薄布料用/90號	普通布料用/60號	厚布料用/30號	彈性布料/針織布料用
車縫針 縫紉機專用的車縫針。與縫線的情況相反，編號越大的車縫針越粗。	9號	11號	14號	針織布料用

※書中所介紹的商品只是其中一部分，市面上還有其他各式各樣的車縫線和車縫針。

識別布料的正反面

布料的邊寬

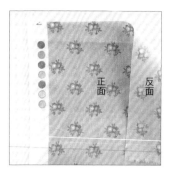
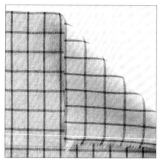

布邊和布紋

布料的兩側（沒有線頭綻開的部位）被稱之為布邊。布紋與布邊平行的叫做「直布紋」，布紋與寬邊平行的叫作「橫布紋」。直布紋不易被拉伸，與之相反橫布紋則容易被拉伸，45°的正斜紋布料最容易被拉伸。

印花或花紋等看起來較清楚的一側是布料的正面。如左上圖片所示，布邊上印有花紋或文字的一面是布料的正面。若遇右上圖難以辨認的情況，請自行將其中的一面定為正面，即可避免混淆正反面的情況。

（圖中標注：直布紋（不被拉伸）、布邊、布邊、正斜紋（會被拉伸）、45℃、正面、反面）

選擇縫線顏色的方法

一種布料內往往交織著幾種顏色，即使是選擇與布料同色系的縫線，也常會面臨著多種選擇，要從中選出剛好合適的縫線顏色是非常困難的。在此提供了幾種不同布料的縫線選擇方法，作為參考。

NG
OK

顏色為同色系較多的情形
布料的底色為綠色系的顏色較多，所以要選擇綠色系的縫線。但是，太深或太淺的綠都不合適，要選擇與底色相近的顏色。

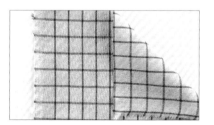
NG
OK

雙色布料的情形
不想用花格子中搶眼的深紅色，且布料中淺駝色的比例又較多，可以選擇用淺駝色系的縫線。
若不想讓針目看起來特別顯眼時，可選擇深紅色縫線。

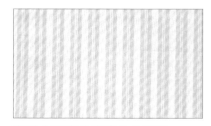
NG
OK

布料中交織多種顏色的情形
選擇粉色似乎也不錯，但在布料中所占分量太少，會顯得不和諧。既然布料中的所有顏色都是淺色調的，那就選所占分量最多的淺色作為縫線的顏色吧！

整理布料

剛買回來的布料會有經線和緯線沒有垂直或歪斜變形的情形。若直接使用，作出的作品容易有瑕疵！所以，使用前要整理布料，使經線和緯線相互垂直地交織。

整理棉、麻布料

①抽掉一根緯線。

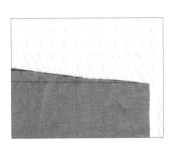

②抽掉緯線處出現了一條縫隙線。

③沿縫隙線裁剪布料。

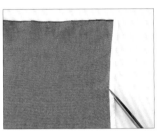

④布邊上斜著剪幾個牙口。千萬不能橫著剪。

⑤在水裡浸泡1小時左右，使水分充分滲到布料內。

⑥整理平展後陰乾，到半乾為宜。

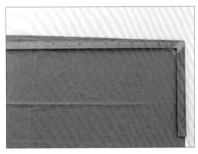

⑦將布料平鋪開來，用直角尺確認其歪斜的方向。

⑧一點一點地拉扯，修正歪斜的布料。

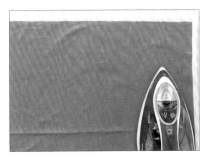

⑨沿著經線方向熨燙布料。

⑩沿著緯線方向熨燙布料。

裁剪和畫記號線

紙型分為帶縫份的和不帶縫份的兩種。帶縫份的在裁剪之後需畫上完成線，而不帶縫份的在裁剪時要自行加上縫份。

裁剪的方法

⬡ 包含縫份的紙型

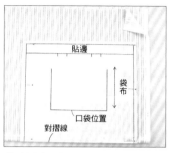

①將紙型放在布料之上，用珠針固定。

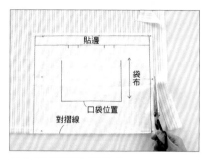

②依照紙型進行裁剪。

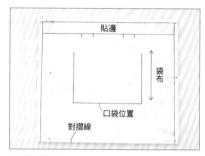

③裁剪完畢。

⬡ 不含縫份的紙型

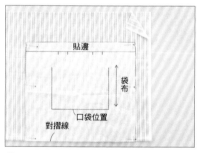

①將紙型放在布料之上，用珠針固定住。

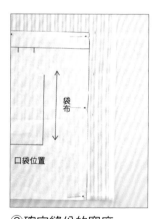

②確定縫份的寬度。

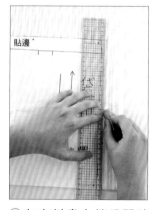

③在布料畫上縫份記號線。

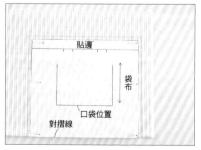

④畫好記號線。

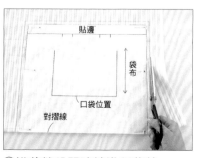

⑤沿著縫份記號線進行裁剪。

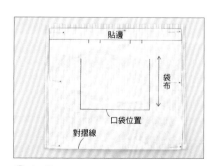

⑥完成。

畫記號線的方法

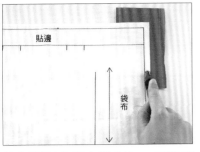

①在兩層布料之間夾入一張手工用複寫紙，再用點線器畫出記號線。

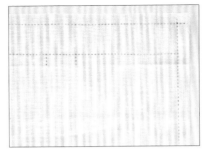

②畫線完成。

畫記號線時的必備工具

粉土或布用複寫紙

除了常見的粉土和布用複寫紙之外，還有各式各樣作記號的用具。
如鉛筆狀的粉土筆、記號筆、能溶於水的水消筆等。

粉土

布用複寫紙

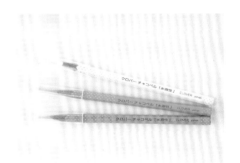

粉土筆

認識點線器

以布用複寫紙將記號線印到布料上時，點線器是不可缺少的工具。使用時，將複寫紙夾在布料之間，在紙型的完成線上滾動點線器即可。有許多種類，如硬的尖齒、軟的尖圓齒，還有可同時印出縫份線與完成線的雙齒輪型等。

點線器（尖硬型）

點線器（柔軟性）

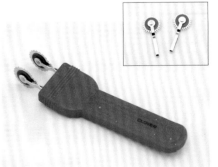

雙齒輪點線器

提供＝clover株式會社

認識黏著襯

黏著襯就是背面帶有黏膠的襯布。使用時用熨斗加熱熨燙，就可使
其黏貼在衣料的背面。雖然不一定非要用黏著襯，但用它能讓作品
更堅固、更有型。所以不妨試一下。

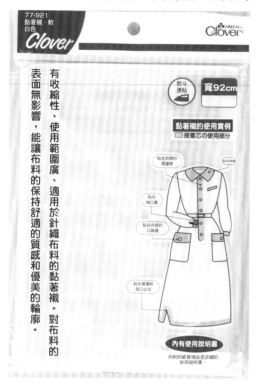

提供=clover株式會社

黏著襯的種類

梭織型
多為平紋的，具有方向性。所以，裁
剪時應使黏著襯的與布料的布紋方向
一致。此外，保濕性也很不錯。

不織布型
質地輕、不易起縐、不易散開，所
以非常好操作，不適用於有伸縮性
的布料。大部分都沒方向性，可隨
意裁剪。

針織型
伸縮性良好、手感柔軟。由於是針織
製成的，在黏貼時會收縮一些。所以，
裁剪時應考慮到收縮量，裁得比紙型
稍大一點。

貼上黏著襯的好處

①使布料有張力，讓作品輪廓清晰、更加
有型。

②防止衣服和小物變形走樣。

③能夠抑制容易被拉伸的布料等被拉
伸，使車縫更加方便易行。

④能夠增加厚度和硬度。

黏著襯的正面和反面

不要把黏著襯的正面和反面弄錯了！黏著襯的
背面是黏貼面，帶有黏膠，所以摸起來比較粗
糙。經過確認過後再黏貼吧！

表面

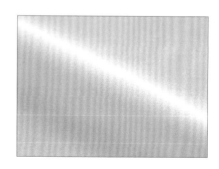

背面

黏貼的條件

在黏接黏著襯時，有溫度、壓力和時間三個必要條件。
實際使用時，務必注意這三方面的狀況。

溫度	過高	黏膠過度熔化，以致黏貼強度降低。熔化的黏膠滲漏到布料或黏著襯的表面。	壓力、時間	太強太長	布料的手感變差。從布料上能看到黏著襯的輪廓。
	過低	黏膠不能充分熔化，以致黏貼強度降低。		太弱太短	不能將黏著襯黏貼到布料上。

黏著襯的黏貼方法

①將布料的背面和黏著襯的黏貼面貼合。

②鋪上墊布，從中心往兩側熨燙。
（參照下面的插圖）

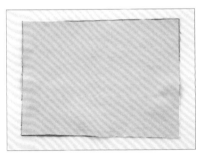

③等待散熱冷卻。

④記號線要在貼黏著襯後再畫。

好的黏貼示例

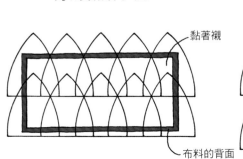

黏著襯

布料的背面

不好的黏貼示例

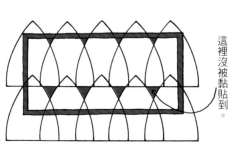

這裡沒被黏貼到。

我的專屬布包

塑膠袋造型的購物用布包，容量比較大，在每天的購物生活中扮演重要的角色。
摺起來方便收納，不占空間，平時也可以使用。

原寸紙型A
製作　アリガエリ　studio-hana

需要準備的材料
表布（棉麻混紡） 長100×寬90cm

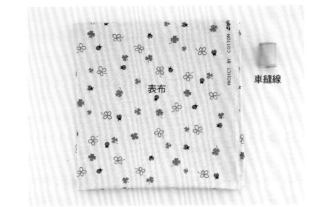

表布

車縫線

※示例中使用的是色彩對比明顯的車縫線。但實際車縫時，請使用與布料同色或顏色相近的車縫線。

製作方法

裁剪、畫記號線

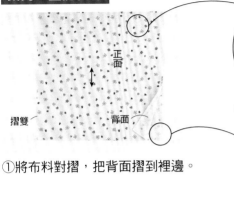

正面

摺雙　背面

（正面）

（背面）

①將布料對摺，把背面摺到裡邊。

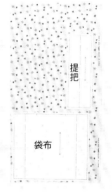

提把

袋布

②將紙型放在布料之上。

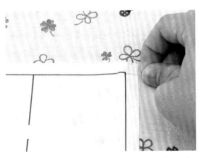

③用珠針將紙型和兩塊布料固定在一起以防止移位。

④依照紙型裁剪布料。

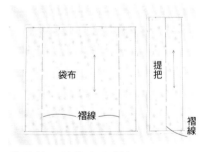

袋布　　　提把

褶線　　　　褶線

⑤裁剪好的袋布和提把。

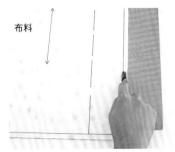

布料

⑥兩塊布料之間放入一張布用複寫紙，再用點線器描出完成線。

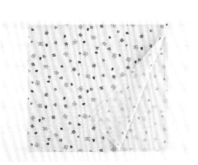

⑦袋布處已畫好記號線。

⑧用同樣的方法對提把部分畫記號線。

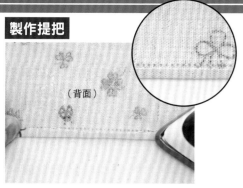

（背面）

①在布料的反面摺疊，使布邊與完成線剛好吻合，再用熨斗熨燙定型。

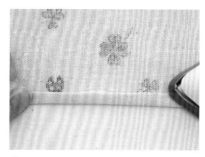

②沿著完成線再次摺疊。

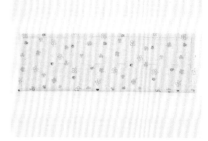

③布料的一側形成一個三摺邊。

④另一側也作同樣的摺疊。

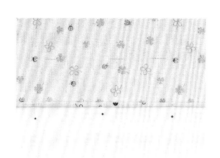

⑤用珠針將褶邊固定住以免散開。

⑥在沿距褶邊0.2cm的位置進行車縫。

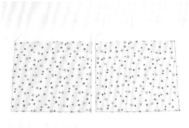

⑦縫製完成的提把。（製作2條）

縫製袋布

①對袋口以外的其他三邊進行Z字形車縫。（處理縫份）

（接上頁）

⑪兩塊袋布正面朝內地對摺在一起，用珠針固定住。

③沿著兩側的完成線進行車縫，並在車縫開始和車縫結束處進行回針縫。

④兩側縫好。

⑤將接縫處熨燙平整。

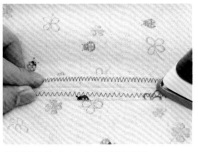

⑥將縫份向左右兩側燙開。

⑦縫份被完全燙開。

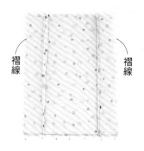

⑧沿著褶線將兩塊袋布向內側摺疊，用珠針將褶邊的底部固定住。

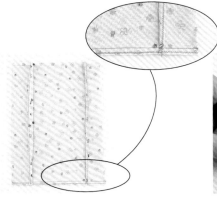

⑨對布袋的底部進行車縫，同時將步驟⑧的褶邊固定住。

⑩底部的縫份倒向上側。

⑪底部縫份完全倒向上側。

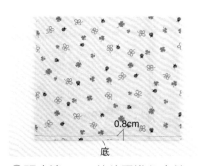

⑫布袋翻過來，用錐子將袋角挑出來。

⑬用熨斗對褶線部位進行熨燙，燙出筆挺的褶痕。

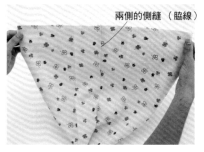

⑭將袋身疊合在一起的樣子。

⑮距底邊0.8cm的位置進行車縫。

縫合提把

①如縫紉機是可拆式，請把下面的輔助桌取出。

②將袋子換個方向對摺，使兩側的脇線成為中心。

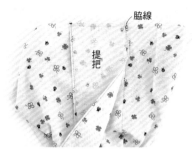

③袋布與提把疊合在一起。

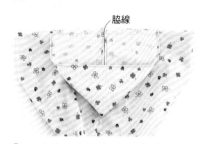

④用疏縫固定提把在側縫的兩側。

⑤只車縫提把處。（另一側的提把也要車縫）

⑥袋口處進行Z字形車縫。縫合提把與袋布的兩層布料。

0.2cm

⑦兩側的提把都縫好。

⑧沿著完成線將袋口向內側摺邊。

⑨距袋口0.2cm處進行車縫。

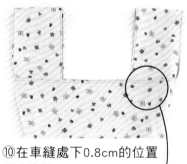

⑩在車縫處下0.8cm的位置再次車縫。

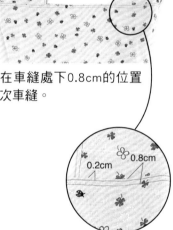

0.2cm　0.8cm

⑪對摺線進行熨燙，使提把與摺線看起來在一條直線上。

完成。

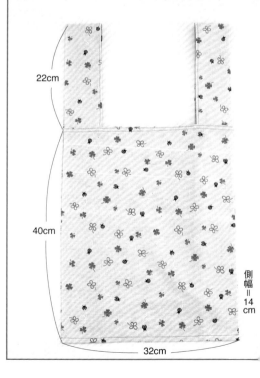

22cm

40cm

側幅＝14cm

32cm

針插

製圖

用廢棄的空瓶子製作出的超可愛針插。只需一點零碎布即可完成,感覺像上手作課一樣開心。將沒用完的縫線等小物品放在瓶子裡,即可輕鬆的取用!

瓶蓋的直徑×1.8

本體

瓶蓋的直徑減去0.2cm

厚紙

需要準備的材料
表布 (棉)
10×10cm
厚紙片
10×10cm 1張
羊毛 少許
緞帶 少許
瓶子 1個
＊依瓶蓋大小不同,所需表布的尺寸也不一樣。

製作／アリガエリ　studio-hana

製作方法

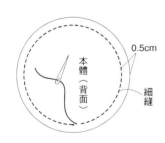

本體(背面)

0.5cm

細縫

1 用平針縫對布料的周邊進行細縫。

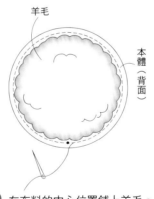

羊毛

本體(背面)

2 在布料的中心位置鋪上羊毛。

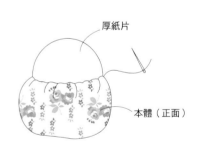

厚紙片

本體(正面)

3 一邊收緊線頭,一邊放入厚紙片。

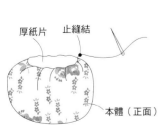

厚紙片　止縫結

本體(正面)

4 拉緊線頭打好止縫結。

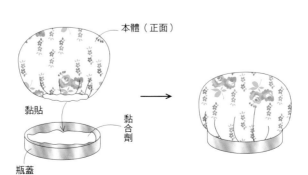

本體(正面)

黏貼

黏合劑

瓶蓋

5 在瓶蓋上塗上黏合劑,再將針插本體黏接上去。

纏繞緞帶

緞帶

6 最後在針插與瓶蓋的交界處纏一圈緞帶。

抱枕套

將布料的上下兩邊簡單縫合一下，就完成了一個抱枕套。套子的背面釘有釦子，可防止墊子掉出來。不同的季節選用不同花色的布料製作，生活是不是也因此充滿了情趣呢？

背面

需要準備的材料（1個分）

表布（棉麻混紡）
110×50cm
45×45cm的枕心 1個
直徑2公分的鈕釦 1個

縫線提供＝fujix株式會社

製圖

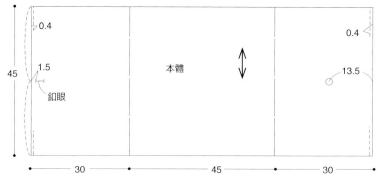

0.4

0.4

45

1.5

釦眼

本體

13.5

30　　　45　　　30

裁布圖

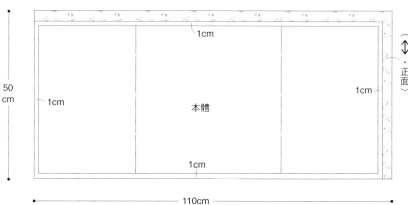

1cm

1cm

50 cm

1cm

本體

1cm

1cm

（↕・正面）

110cm

製作方法

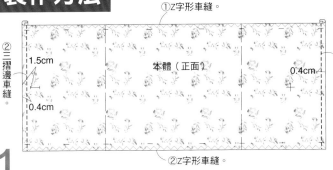

1 處理布料的兩端

布料的兩端向背面摺疊，摺出0.5cm的三摺邊，同時用熨斗燙平，距邊0.4cm的位置進行車縫。

①Z字形車縫。
②三摺邊車縫。
1.5cm
0.4cm
本體（正面）
0.4cm
①三摺邊車縫。
②Z字形車縫。

2 製作釦眼

製作方法參照下圖。

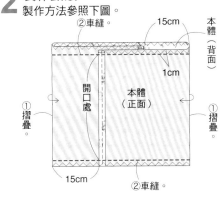

②車縫。
15cm
本體（背面）
1cm
開口處
本體（正面）
①摺疊。
①摺疊。
15cm
②車縫。

3 縫合上下兩邊

將布料沿著褶線摺成套子的形狀用珠針固定住，注意要將布料的正面摺在套子裡側，沿距離各邊1cm處置進行車縫。

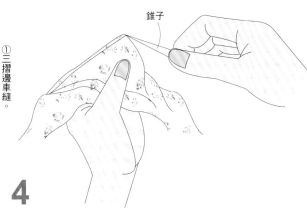

錐子

4 將抱枕套翻過來

從開口處將套子翻過來，用錐子將四個角落整理好，最後縫上鈕釦。（參照16頁）

（參照16頁）

釦眼的製作方法

單頭固定的平眼

常見的釦眼作法，適用於橫向開口的釦眼。縫線使用專用的釦眼線，所需長度是釦眼尺寸的25至30倍。

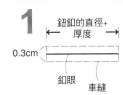

1

鈕釦的直徑+厚度
0.3cm
釦眼
車縫

測量鈕釦的直徑和厚度。在釦眼位置的四周車縫一周，在中心位置剪開一個小開口。

2

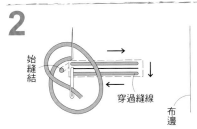

始縫結
穿過縫線
布邊

將手縫線引到釦眼四周的車縫針目上，開始縫釦眼。

3

如此縫下去，形成一個一個的結釦。

直到繞完邊。

4

呈放射狀地鎖縫
布邊

在彎角處呈放射狀地繞邊縫3、4針。

5

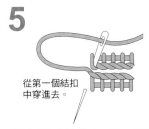

從第一個結扣中穿進去。

用同樣的方法縫另一邊。縫最後一針時，將針穿入第一個結釦中，再從最後一個結釦旁邊穿出，再將線收緊。

6

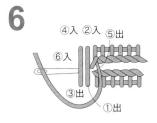

④入 ②入 ⑤出
⑥入
③出
①出

平行地縫兩針，使其針目長度與兩側針目的總寬度相當。最後，在兩條平行線上垂直地縫兩針。

7

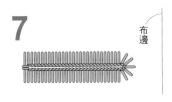

布邊

完成。

抹布

學校和幼稚園時常會要求小朋友們帶著抹布去學校。有的媽媽們會讓孩子們帶著買來的抹布，
但親手製作的手工抹布，有著媽媽們的愛心，無論作得好與不好，孩子們都會很開心吧！

A B C D

需要準備的材料

布手帕或洗臉毛巾
1條
☆D作品使用的是fujix（MOCO）
的縫線。

縫線提供=fujix（MOCO）株式會社
姓名標貼提供=neo.japan株式會社

若是需要用力搓洗的抹布，則對四條邊都
要進行鎖縫。

製作方法

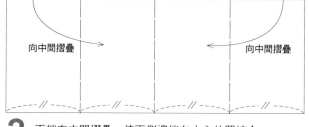

1條洗臉毛巾或1塊手帕

1 準備好1條洗臉毛巾或1塊手帕，剪掉毛巾
兩側較硬部分。

向中間摺疊　　　　　　　　　　向中間摺疊

2 兩端向中間摺疊，使兩側邊能在中心位置接合。

再次摺疊。

3 再次摺疊。

平針縫
或
車縫

4 距各邊0.3至1cm的位置進行縫合。
（平針縫或車縫）

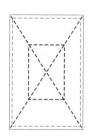

5 先對角縫，再內側縫一
個四邊形（內側的四邊
形可以不縫），最後縫
上姓名標籤。

刺繡的方法

複寫字母

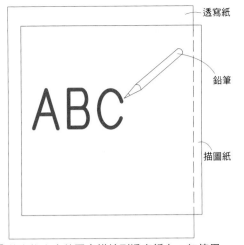

①將實物大小的圖案描繪到透寫紙上。如使用濃墨鉛筆，鉛筆粉塵可能沾在手上弄髒布料。所以，請使用較硬的鉛筆（2H左右）。

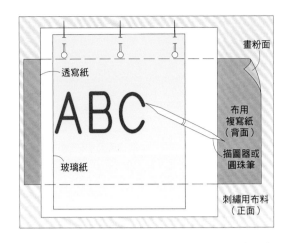

②刺繡布料的正面朝上放置，確定好要作刺繡的位置。將一張布用複寫紙畫粉面朝下地放在刺繡位置之上，再依次放上描好圖案的透寫紙和玻璃紙，最後用珠針固定住並用描圖器描出圖案的輪廓線。

25號刺繡線的使用方法

25號刺繡線由6股細線撚合而成。可根據布料、圖案等具體情況決定用線的股數。將細線一根一根地抽出，再將所需的數條線整理齊後穿針使用。

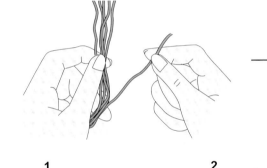

輪廓繡

在繡輪廓或花草的莖時經常用到。改變針腳的長度，線條的粗細也隨之改變。

1
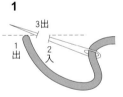

2
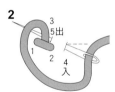

3
重複2至3次。

鎖鏈繡

向鎖鏈一樣一環扣一環的針腳。依照相同的方向運針、繞線。

1
繡第2針時，從第1針的針孔插入。
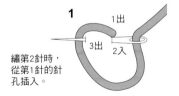

2
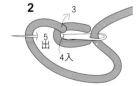

3
重複2至3次。

原寸圖案

ABCDEFGHIJKLMN
OPQRSTUVWXYZ

包袱造型的三角布包

很早以前人們就開始用布手帕或包袱布來製作三角布包。將接縫處的縫線一拆開，又變回一塊完好的布料，古人真聰明啊！包包與布料的大小比例是1：3，作一個大小讓自己滿意的三角包，可當肩揹包用，也可當化妝包用，用途多多哦！另外，還可用三塊手絹或印花手帕來做，如此一來連車布邊都免了，只需將兩個接縫縫合在一起就大功告成了！

大布包可以揹在肩上。

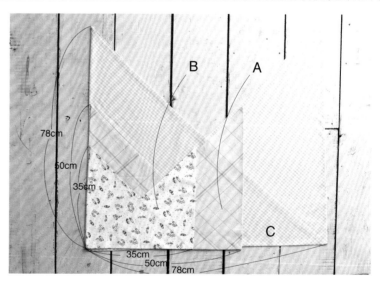

78cm
50cm
35cm

35cm
50cm
78cm

將作了相同標記的地方縫合在一起。

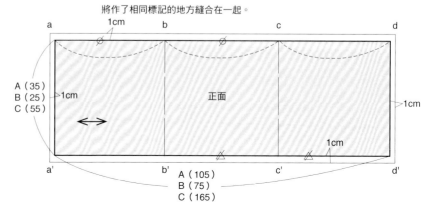

a　1cm　b　c　d

A（35）
B（25）
C（55）

1cm

正面

1cm

1cm

a'　b'　c'　d'

A（105）
B（75）
C（165）

需要準備的材料

A表布（棉麻混紡）
40×110cm
B表布（棉）
30×80cm
C表布（棉）
60×170cm

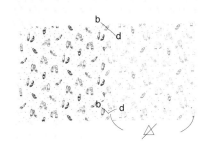

①沿著右側的褶線摺疊並將正面疊在裡側。

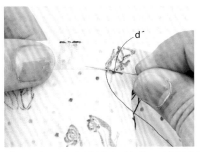

②對重疊處底邊進行縫合。縫份暫不處理，先從完成線開始縫合。

③縫完一邊。

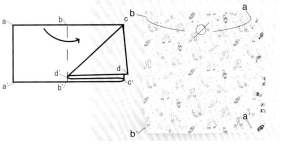

④沿著左側的邊線摺疊表布，以便a和c能疊合在一起。用珠針將上面的邊固定住。

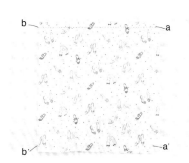

⑤用步驟②的方法縫合上面的邊。

⑥拉著兩個對角。

⑦拎著a、d兩個角往上一提，布袋的樣子就形成了。

⑧把布袋翻過來。

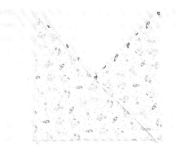

⑨縫份倒向單側。將沒有縫合處也沿著完成線摺疊。

⑩將縫份再次摺疊，三摺邊後用珠針固定住。

⑪用平針縫的手法將縫份縫牢固。

⑫完成。

☆如使用縫紉機進行縫製，就用Z字形車縫來處理縫份。

※示例中使用的是色彩對比明顯的手縫線。但實際操作時，請使用與布料同色或顏色相近的手縫線。

短圍裙

用市售的圍裙布料來作一條咖啡館女服務生專用的短圍裙吧！不需要處理縫份，所以縫製起來也特別簡單。若買不到尺寸剛好的圍裙布料，也可用普通布料來做。在此也一併介紹使用普通布料的製作方法。

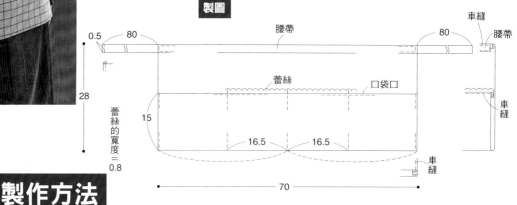

製作／吉田敏子

製圖

車縫　腰帶　腰帶　80　80　車縫

0.5　80　蕾絲　蕾絲　口袋口　車縫

28　15　16.5　16.5

蕾絲的寬度＝0.8

車縫　車縫

70

需要準備的材料

圍裙布料一塊
（70×43cm）
麻織帶
2×240cm
純棉蕾絲
1.2×70cm

製作方法

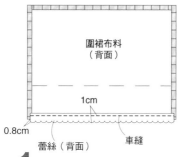

圍裙布料
（背面）

1cm

0.8cm　蕾絲（背面）　車縫

1 縫製蕾絲

如圖所示，將蕾絲花邊放於布料的背面，並確定能由正面能看見0.8公分寬的花邊。再將布料翻過來，在離布邊0.2cm的位置進行車縫。

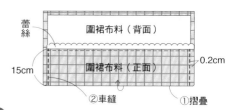

蕾絲

圍裙布料（背面）

15cm　圍裙布料（正面）　0.2cm

②車縫　①摺疊

2 製作插袋

將布料的底邊向上摺疊，再分別對摺疊處的兩側邊進行車縫。車縫位置距側邊0.2cm。

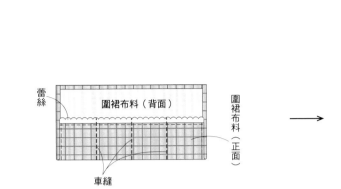

在口袋的中心線及距各自側邊16.5cm的位置進行車縫。

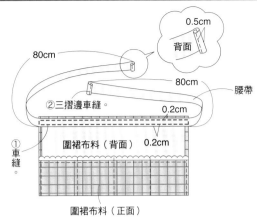

3 縫製腰帶

將腰帶沿邊平鋪在圍裙的上側，並在距各邊0.2cm的位置對腰帶的上下兩邊進行車縫。在腰帶的末端摺出一個0.7cm的三摺邊，並在距末端0.5cm處進行車縫。

使用普通布料的製作方法

若沒有尺寸剛好的圍裙布料，也可將普通布料裁剪後使用。
建議選擇正面和背面花色差異不明顯的布料。

裁布圖

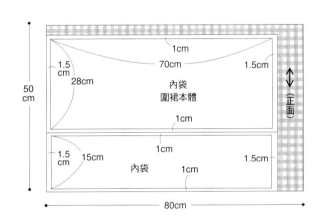

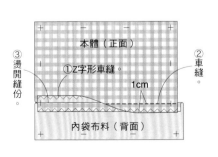

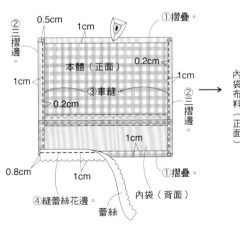

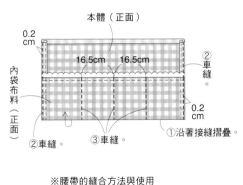

※腰帶的縫合方法與使用
圍裙布料的方法相同。

1 如圖所示，將本體布料和插袋布料重合在一起，使本體的背面貼著插袋的正面。在距1cm處進行車縫，並將縫份鋪平燙開。

2 上下布邊摺疊用熨斗熨燙平整，將左右兩側疊成三摺邊，對摺邊進行車縫。最後在袋口處縫上蕾絲花邊。

3 沿著接縫將口袋布料向上翻摺，對兩側邊0.2cm處進行車縫。再對口袋處車縫。
※腰帶的縫合方法與使用圍裙布料的方法相同。

便當袋和水壺套

這是推薦給便當族的兩件寶貝。將裡布摺上與套身縫合即可,非常簡單。
水壺套適用於350至500ml的塑膠寶特瓶。這個大小的套子給小孩子用也很不錯哦!

製作／大久保千秋

☆ 若是給小孩用的,就不要用布製綁帶,改用好收、好解的圓形繩帶。

B 女孩用

C 男孩用

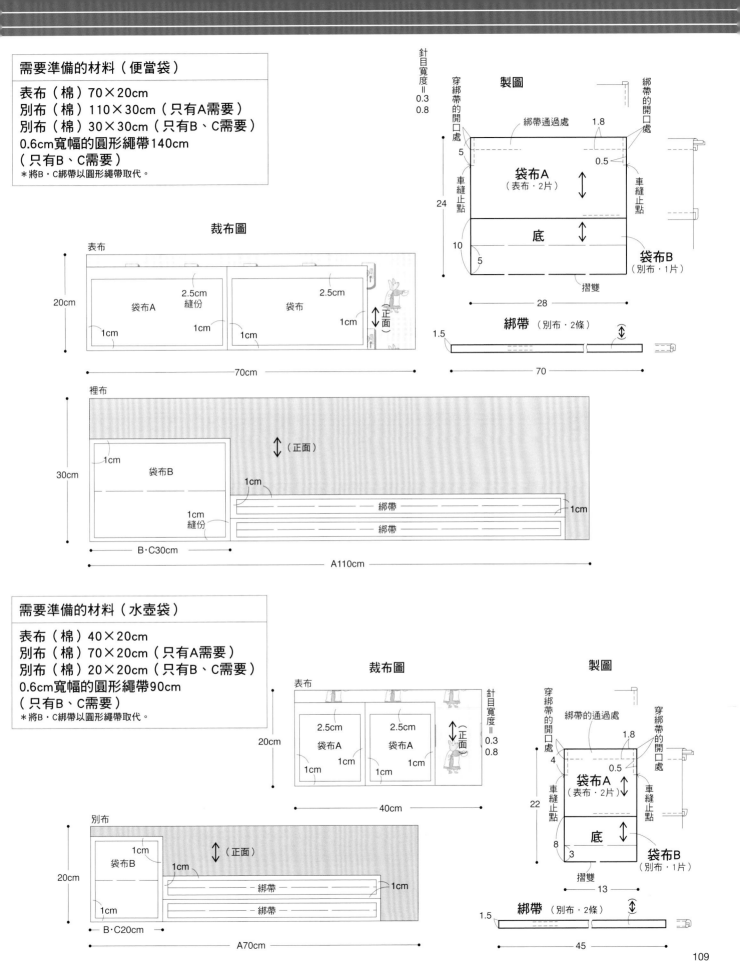

需要準備的材料（便當袋）

表布（棉）70×20cm
別布（棉）110×30cm（只有A需要）
別布（棉）30×30cm（只有B、C需要）
0.6cm寬幅的圓形繩帶140cm
（只有B、C需要）
＊將B・C綁帶以圓形繩帶取代。

裁布圖

表布

20cm

袋布A　2.5cm縫份
1cm　1cm
袋布　2.5cm
1cm　1cm
（正面）

70cm

裡布

30cm

1cm
袋布B
1cm縫份
B・C30cm

（正面）
1cm
綁帶　1cm
綁帶
A110cm

針目寬度＝0.3 0.8

製圖

穿綁帶的開口處
綁帶通過處　1.8
綁帶的開口處
5　0.5
車縫止點
袋布A（表布・2片）
24
車縫止點
10　底
5
袋布B（別布・1片）
摺雙
28

綁帶（別布・2條）
1.5
70

需要準備的材料（水壺袋）

表布（棉）40×20cm
別布（棉）70×20cm（只有A需要）
別布（棉）20×20cm（只有B、C需要）
0.6cm寬幅的圓形繩帶90cm
（只有B、C需要）
＊將B・C綁帶以圓形繩帶取代。

裁布圖

表布

2.5cm　2.5cm
袋布A　袋布A
1cm　1cm　1cm　1cm
（正面）

20cm

40cm

針目寬度＝0.3 0.8

別布

20cm

1cm
袋布B
1cm
1cm
綁帶　1cm
綁帶
B・C20cm
A70cm

（正面）

製圖

穿綁帶的開口處
綁帶的通過處　穿綁帶的開口處
4　1.8
0.5
車縫止點
袋布A（表布・2片）
22
車縫止點
8　底
3
袋布B（別布・1片）
摺雙
13

綁帶（別布・2條）
1.5
45

109

1 縫合袋布A和袋布B

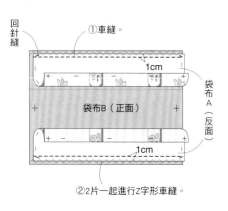

袋布A（表布）和袋布B（別布）正面疊合，在距離端1cm處一起進行Z字形車縫。

2 平鋪開袋布

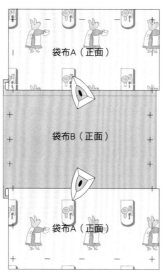

1 用熨斗將縫份倒向袋布A一側。

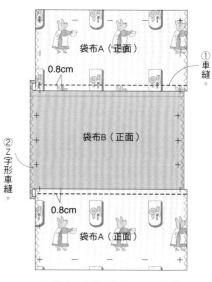

2 在袋布A側距接縫0.8cm處進行車縫，再對兩側邊進行Z字形車縫。

3 製作袋子的邊角

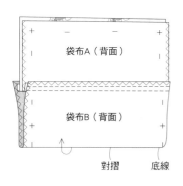

1 對摺袋布，將正面疊在裡側。

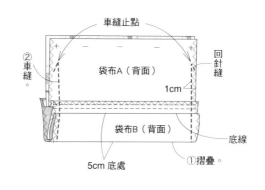

2 再向上摺疊5公分，再對兩側進行縫合。

4 縫袋口

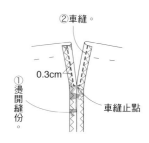

1 將縫份燙開，對開口處進行車縫，車縫位置距外側0.3公分。

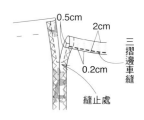

2 袋布上端向內摺0.5cm，並用熨斗燙平整後再摺2cm，並進行車縫。另一側的作法也相同。

5 製作綁帶

車縫　　　　　　　綁帶（背面）

1cm

1 對摺綁帶布料，將正面疊在裡側。對開口處進行車縫，針目呈「L」狀。

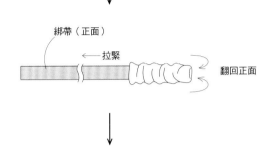

綁帶（正面）

←拉緊

翻回正面

②車縫。　　　　綁帶（正面）

0.2cm

① 放入縫份。

2 自開口處將綁帶翻過來並整理好外形，再對其四周進行車縫。把步驟⑤做好的綁帶穿入袋口處的通道，並將兩端繫在一起。以相反的方向穿另一條綁帶。

6 穿綁帶

5 把步驟⑤做好的綁帶穿入袋口處的通道，並將兩端繫在一起。以相反的方向穿另一條綁帶。

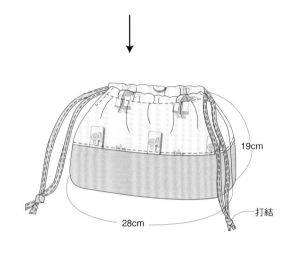

19cm

28cm

打結

水壺袋的製作方法

只需改變一下底部的尺寸，縫製方法與便當袋完全相同。

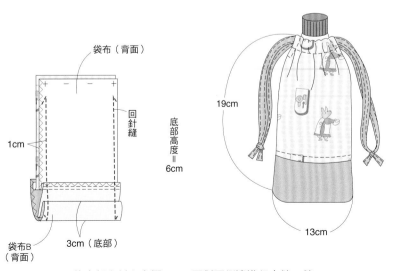

袋布（背面）

回針縫

1cm

底部高度＝6cm

袋布B（背面）

3cm（底部）

19cm

13cm

將底部布料向上摺3cm，再對兩側邊進行車縫。縫份寬度是1cm，縫到車縫止點即可。

上課用的大提袋

上學或參加課程時必備、簡潔好用的大托特包。兩側沒有側幅，製作起來非常簡單。外側有一個小貼袋，可放A4尺寸的文件，方便又實用。

原寸紙型B

線材提供＝Fujix株式會社

製作／吉田敏子

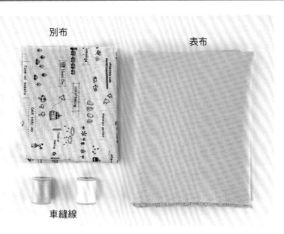

別布　表布

車縫線

正面

摺雙

背面

提把

需要準備的材料（水壺袋）
表布（棉）　70×70cm
別布（棉）　30×20cm

※示例中使用的是色彩對比明顯的車縫線。但實際操作時，請使用與布料同色或顏色相近的車縫線。

製作方法

裁剪&畫記號線

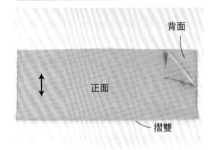

背面

正面

摺雙

①對摺表布，使布料的背面疊在裡側。

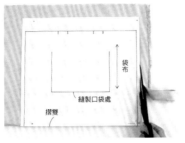

袋布

縫製口袋處

摺雙

②紙型放在置於布料上，使紙型的底邊與布料的底邊對齊。再用珠針固定住並裁下一塊袋布。

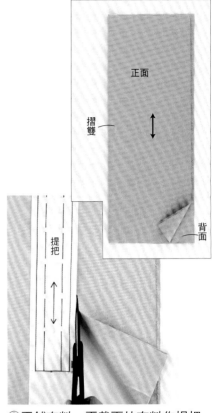

③平鋪布料，再裁兩片布料作提把。

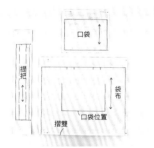

口袋

提把

袋布

口袋位置

摺雙

④用同樣的方法裁下一塊口袋用布料。

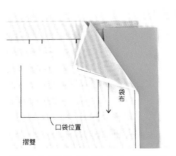

袋布

口袋位置

摺雙

⑤將布用複寫紙夾在兩層布料的背面之間。

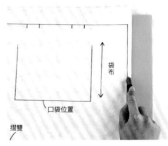

袋布

口袋位置

摺雙

⑥用點線器沿著紙型上的完成線描一遍，畫上記號線。

處理縫份

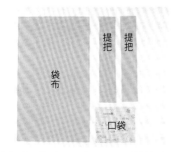

提把　提把

袋布

口袋

⑦其他部位的布料也以同樣的方法畫上記號線。

⑧袋布兩側進行Z字形車縫。

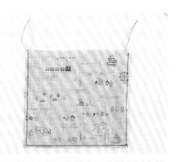

⑨對口袋布料除袋口以外的其他三邊進行Z字形車縫。

製作提把

①對摺提把布料，使布料的正面疊在裡側，再用珠針固定住。

②沿著完成線車縫。

③用熨斗將縫份平鋪開，使接縫處成為提把的中心線。

④將提把翻回正面。

⑤用熨斗燙平。

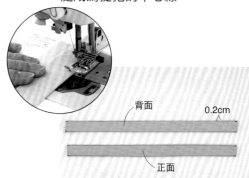

⑥在距0.2cm處進行車縫。

製作、縫合口袋

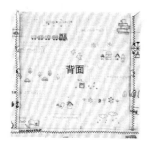

①口袋口以外的其他三邊沿著完成線向背面摺疊，並用熨斗熨燙平整。

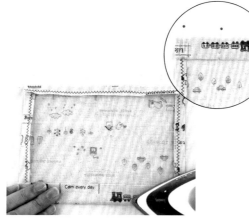
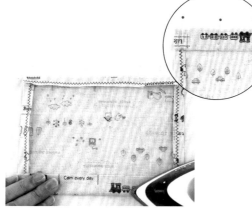

②將袋口處摺成三摺邊，用珠針固定住。

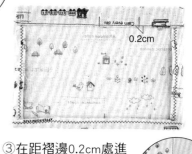

③在距褶邊0.2cm處進行車縫。

④將口袋布平放在袋布的相應位置，用珠針固定住。

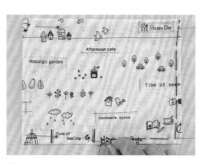

⑤用疏縫線對口袋的周邊進行假縫。

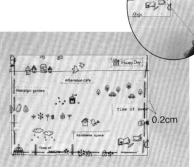

⑥距口袋口處0.2cm開始車縫。最後拆除疏縫線。

縫製袋布

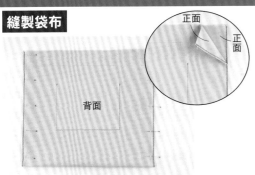

①對摺袋布，使布料的正面疊在裡側。用珠針將兩側固定住。

②車縫兩側的完成線。

③用熨斗燙開兩側的縫份。

縫製提把

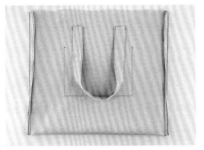

①提把安置於相應的縫合處，使其正面朝上。

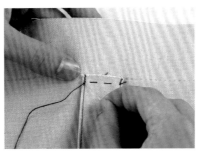

②用疏縫線將提把疏縫在布袋上。

③袋口向上摺疊1cm。

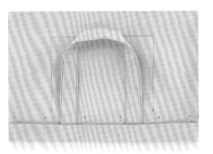

④把提把夾入褶邊和袋布中間，用珠針固定住。

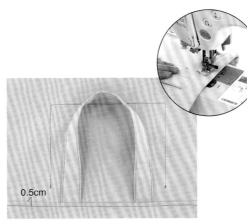

⑤距褶邊0.5cm處進行車縫。

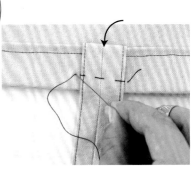

⑥將提把翻摺過來，用疏縫線疏縫固定。

⑦將袋布翻回正面，用錐子挑出袋角來並整理平整。

⑧距袋口0.2cm處進行車縫。車縫提把與袋口相疊合處時，將兩者一起車縫。

⑨完成。

布書衣

這是一個用來裝袖珍的文庫本尺寸的小書衣。配有布製提把，
乍看之下和普通的包包沒什麼兩樣，帶著去散步也很不錯哦！

製作／アリガエリ　studio-hana
線材提供＝Fujix株式會社

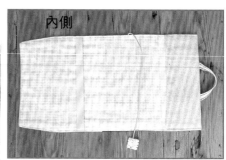

內側

需準備的材料

表布（棉麻混紡）40×20cm
別布（棉）10×20cm
裡布（棉）40×20cm
寬1公分的布帶 70cm
寬0.8公分的斜布條 20cm
粗0.2公分的圓形帶 21cm
寬1公分的蕾絲花邊 5cm

製圖 本體

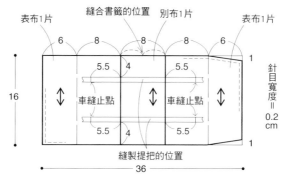

表布1片　縫合書籤的位置　別布1片　表布1片
6　8　8　8　6
5.5　4　5.5
16　車縫止點　車縫止點
5.5　4　5.5
縫製提把的位置
36
針目寬度＝0.2cm

本體內側
裡布一片
4
縫製斜布條的位置

裁布圖

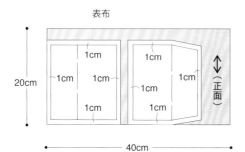

表布
20cm
1cm　1cm　1cm　1cm　1cm　1cm　1cm　1cm
（正面）
40cm

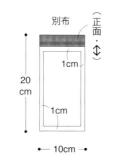

別布
（正面・↕）
20cm
1cm
1cm
10cm

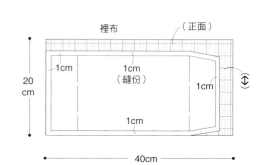

裡布
（正面）
20cm
1cm　1cm（縫份）　1cm
1cm
40cm

1 製作表面

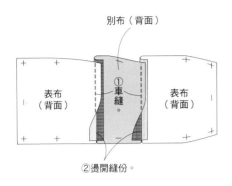

別布（背面）
表布（背面）
①車縫。
②燙開縫份。
表布（背面）

如圖所示，縫合表布和別布，用
熨斗將縫份鋪平燙開。

2 製作提把

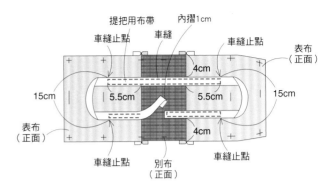

提把用布帶　內摺1cm
車縫止點　車縫　車縫止點　表布（正面）
15cm　4cm
5.5cm　5.5cm　15cm
表布（正面）　4cm
車縫止點　別布（正面）　車縫止點

如圖所示，將提把的布帶縫製於表布正面
上。再將布帶末端向內摺疊1cm，並使末
端與始端上下疊合在一起。

3 製作書籤

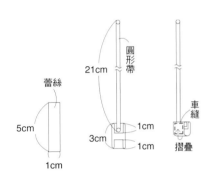

蕾絲
5cm
1cm
圓形帶
21cm
3cm
1cm
1cm
車縫
摺疊

如圖所示，先將蕾絲花邊的兩端分
別內摺1cm，在其一端放上圓形帶
後對摺以便將圓形帶夾入，最後對
蕾絲花邊的四周進行車縫。

4 縫合書籤和斜布條

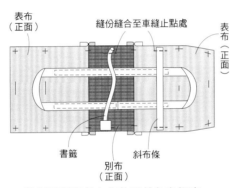

表布（正面）
縫份縫合至車縫止點處
表布（正面）
書籤
別布（正面）
斜布條

將書籤帶和斜布條放置於各自相應
的位置，再疏縫固定。

5 縫合周邊

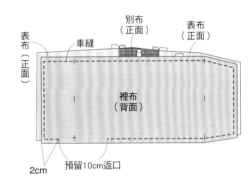

別布（正面）
表布（正面）
車縫
表布（正面）
裡布（背面）
2cm
預留10cm返口

將表布和裡布正面對正面地疊合在
一起，並沿著完成線車縫周邊，預
留10cm的返口用以翻面。

6 翻回正面

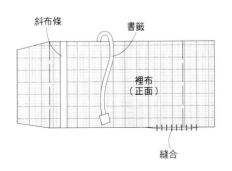

斜布條
書籤
裡布（正面）
縫合

自步驟⑤預留的返口處將袋布翻
回正面。再用斗熨燙平，並對開
口處進行縫合。

7 製作插入口

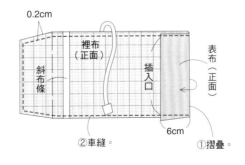

0.2cm
裡布（正面）
斜布條
插入口
表布（正面）
②車縫。
6cm
①摺疊。

將插入口的布料向內側摺疊6cm，距
邊0.2cm處車縫一周，固定住插入口。

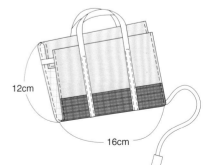

12cm
16cm

隔熱手套

使用橢圓形端鍋用的隔熱手套時，將手放進套子裡也行，不放進去直接隔著手套端也行。不僅方便使用，而且小巧可愛！

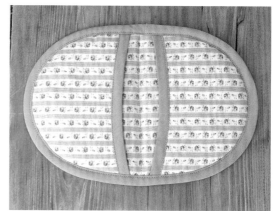

原寸紙型A
製作／吉田敏子
線材提供＝Fujix株式會社

需準備的材料（1個分）

表布　60×40cm
鋪棉　30×20cm
寬1cm的4摺斜布條　1m

裁剪圖紙

表布　※全部不含縫份

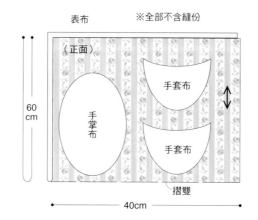

（正面）

手套布

手套布

手掌布

60cm

40cm

摺雙

鋪棉

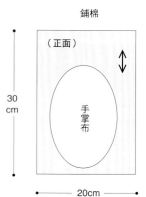

（正面）

手掌布

30cm

20cm

1 製作手套布

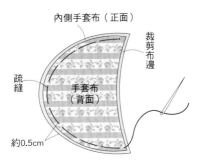

內側手套布（正面）
裁剪布邊
疏縫
手套布（背面）
約0.5cm

1 疊合手套布外側和裡側的布料，使兩塊布料背面相對。再沿著布邊疏縫固定。

內側手套布（正面）
斜布條（背面）
手套布（背面）
1cm

2 斜布條正面朝下放在手指插入口處，在距布邊1cm處進行車縫。

※用同樣的方法再做一個手套布。

②車縫。
①向內側摺疊。
內側手套布
手套布（背面）
>0.1cm
斜布條（正面）

3 斜布條向內側手套布摺疊，再距邊0.1cm處進行車縫。

2 製作手掌布

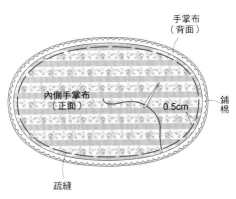

手掌布（背面）
內側手掌布（正面）
0.5cm
鋪棉
疏縫

1 在手掌布的外側和內側之間放上鋪棉，再對其周邊進行疏縫。

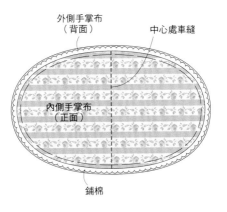

外側手掌布（背面）
中心處車縫
內側手掌布（正面）
鋪棉

2 在手掌布的中心處進行車縫。

3 縫合手掌布與手套布

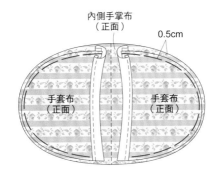

內側手掌布（正面）
0.5cm
手套布（正面）
手套布（正面）

1 內側手套布重疊在手掌布的上面，再對周邊進行疏縫。

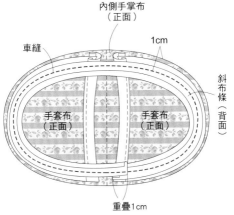

內側手掌布（正面）
1cm
車縫
手套布（正面）
手套布（正面）
斜布條（背面）
重疊1cm

2 斜布條正面朝下沿手套布邊繞一周，並在兩端相接處重疊1cm左右。距外側沿邊1cm處進行車縫。

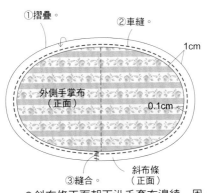

①摺疊。
②車縫。
1cm
外側手掌布（正面）
0.1cm
③縫合。
斜布條（正面）

3 斜布條正面朝下沿手套布邊繞一周，並在兩端相接處重疊1cm左右。距外側沿邊1cm處進行車縫。

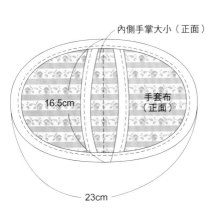

內側手掌大小（正面）
16.5cm
手套布（正面）
23cm

方形化妝包

這個簡潔可愛的方形化妝包,看來似乎很複雜,其實只要加上拉鏈後再縫合兩個地方就OK了,超簡單!

製作／吉田敏子

需準備的材料

表布(棉麻混紡) 30×40cm
裡布 (棉) 30×40cm
長20cm的拉鏈 1條
寬2cm的蕾絲 50cm
寬0.8cm的斜布條 10cm

製圖

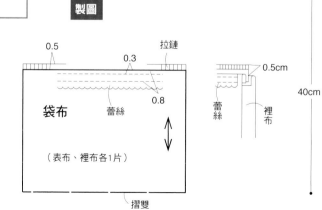

蕾絲寬＝2

0.5
拉鏈
0.3
袋布
蕾絲
0.8
16
(表布、裡布各1片)
摺雙
21

0.5cm
蕾絲
裡布

裁剪紙型

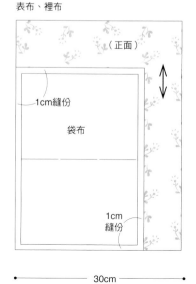

表布、裡布
(正面)
1cm縫份
袋布
40cm
1cm縫份
30cm

1 在表袋布加上拉鏈

②車縫。
拉鏈（正面）
0.2cm
表袋布（正面）

1 袋口開口處向背面摺疊1cm。
再將拉鏈放置於表袋布下，並
距邊0.2cm處車縫。

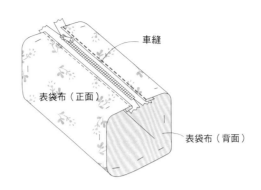

車縫
表袋布（正面）
表袋布（背面）

2 以同樣的作法縫製另一側的拉鍊。

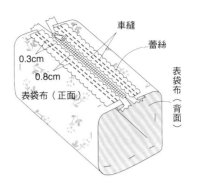

車縫
蕾絲
0.3cm
0.8cm
表袋布（正面）
表袋布（背面）

3 蕾絲置於拉鏈的兩側，再距邊
0.3和0.8cm處進行車縫。

2 製作裡袋布

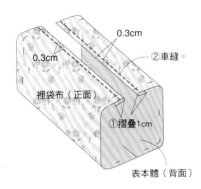

0.3cm
0.3cm
②車縫。
裡袋布（正面）
①摺疊1cm
表本體（背面）

袋口處向背面側摺疊1cm，
在距褶邊0.3cm處進行車縫。

3 縫合裡、表袋布

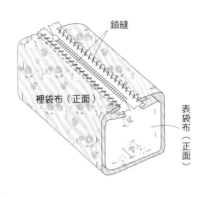

鎖縫
裡袋布（正面）
表袋布（正面）

將表袋布翻過來包在裡袋布
的裡面，把裡側袋布與拉鏈
兩側的布邊縫合在一起。

4 縫合脇邊

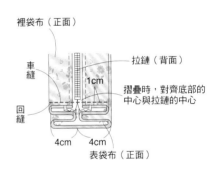

裡袋布（正面）
車縫
拉鏈（背面）
1cm
回縫
摺疊時，對齊底部的
中心與拉鏈的中心
4cm 4cm
表袋布（正面）

1 對齊底部的中心線與拉鏈的中心線。如
圖所示，將袋布摺疊好後一起車縫。

5 完成

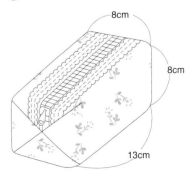

8cm
8cm
13cm

翻回正面就完成了。

斜布條（背面）
裡袋布（正面）
0.8cm
1cm 1cm

將縫份包在斜布條裡面。

裡袋布（正面）
0.8cm
縫合斜布條（正面）

2 用斜布條包邊。

布玩偶

用羊絨布料做成的可愛小熊，大小剛好很適合小寶寶抱在手上玩。由於組成配件較少，即使是初學者也能輕鬆完成。塞棉花時，身體塞鬆軟些，頭部塞緊一點，就會更漂亮！

原寸紙型B
設計製作／橘美代子

<table>
<tr><td>

需準備的材料 （1個分）

表布（羊絨布） 60×20cm
附釦腳鈕釦 1cm的1顆
0.8cm的2顆
布偶用手縫針
棉花
厚紙片 少許
裁剪紙型

</td></tr>
</table>

裁布圖

※所有配件的縫份寬度都是0.5cm。

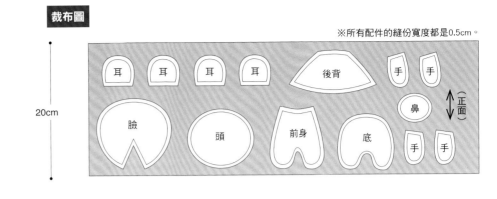

1 製作耳朵

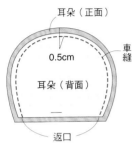

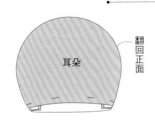

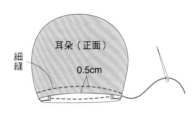

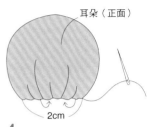

1
兩片耳朵布料正面向內重疊，在距布邊0.5cm處進行車縫。但車縫時需在耳根處留一個返口作為翻面用。

2
翻回正面並整理平整。

3
距邊0.5cm處用平針縫的針法細縫一圈。

4
將縫份塞到耳朵裡並收緊手縫線，開口收成一個約2cm寬的小開口。

2 製作鼻子

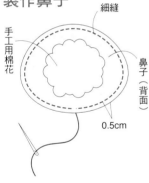

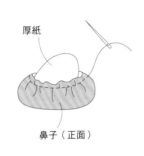

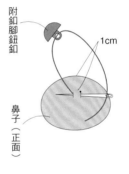

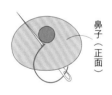

1
距邊0.5cm處用平針縫的針法細縫一圈，再鋪上適量的棉花。

2
收緊手縫線，同時放入一張厚紙片，打止縫結。

3
距邊1cm處縫製一顆附釦腳鈕釦。

4
縫製鈕釦的手縫線向鼻子的下側縫一針，作出嘴巴的造型。

3 製作手部

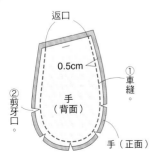

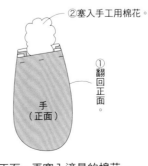

1
兩片手布料正面向內疊合，在距布邊0.5cm處進行車縫。但車縫時需在手臂處留一個返口作為翻面用。

2
翻回正面，再塞入適量的棉花。

3
縫份處塞入耳朵裡面，縫合返口。

4 製作臉部

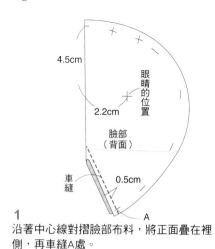

1
沿著中心線對摺臉部布料，將正面疊在裡側，再車縫A處。

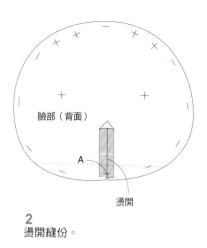

2
燙開縫份。

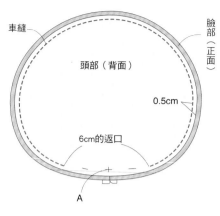

3 臉部和頭部布料正面朝內重疊在一起。再距邊0.5cm處進行車縫。車縫時需預留一個6cm的返口作為翻面之用。

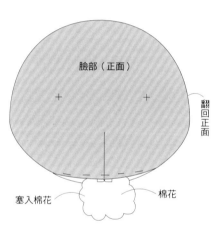

4
翻回正面，自返口處塞入棉花，直到塞緊為止。

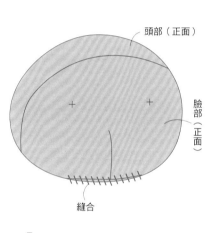

5
縫份處塞入頭裡面，再縫合返口。

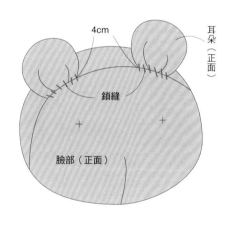

6
在頭部與臉部的接縫處縫上耳朵。

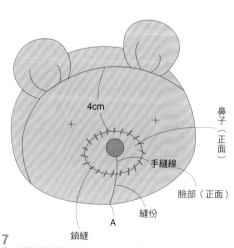

7
鼻子置於臉部上端4cm處，再對周邊進行縫合。

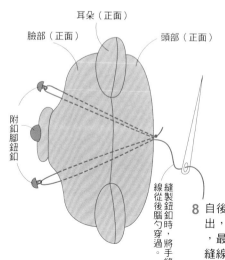

8 自後腦勺下針，從眼睛處穿出，再將針穿過附釦腳鈕釦，最後回到後腦勺並拉緊手縫線。用同樣的作法縫好另一隻眼睛（附釦腳鈕釦）。

5 製作身體

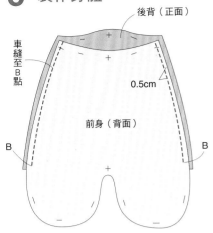

車縫至B點

後背（正面）

0.5cm

前身（背面）

B

B

1
前身和後背的布料正面朝裡重疊。再
自對兩側進行車縫，直到B點為止。

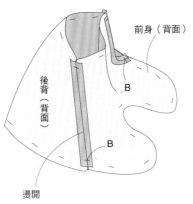

前身（背面）

B

後背（背面）

B

燙開

2
燙開縫份。

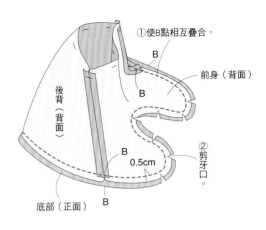

①使B點相互疊合。

B

前身（背面）

B

後背（背面）

B

②剪牙口。

0.5cm

底部（正面）

B

3 底布與步驟②正面相對疊合。重合時
，要使相應的B點相互吻合。在距邊
0.5cm處進行車縫。

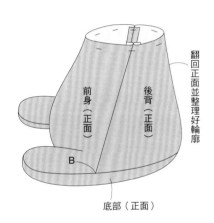

前身（正面）

後背（正面）

翻回正面並整理好輪廓

B

底部（正面）

4
翻回正面並整理好輪廓。

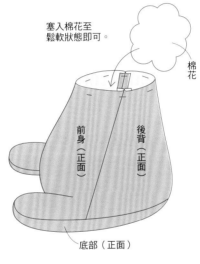

塞入棉花至
鬆軟狀態即可。

棉花

前身（正面）

後背（正面）

底部（正面）

5
塞入棉花，不要塞得太緊，
鬆鬆軟軟的正好。

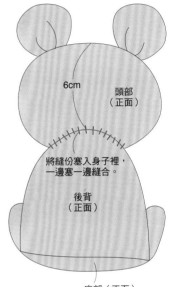

6cm

頭部
（正面）

將縫份塞入身子裡，
一邊塞一邊縫合。

後背
（正面）

底部（正面）

6 頭部放在身體上。將縫份塞
入身體內，邊塞邊縫合。

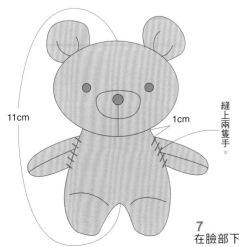

11cm

1cm

縫上兩隻手。

7
在臉部下1cm處縫上小
熊的兩隻手，即完成。

托特包

大小適中、日常生活中方便實用的托特包，還襯有裡布，縫製方法可真認真呢！再搭配市售的皮革提把，感覺品質更棒了。

裁剪紙型

製作／アリガエリ　studio-hana

表布、黏著襯

正面

5cm

袋布

1cm　　　　1cm

80cm

1cm縫份　　　　1cm

5cm

50cm

裡布

1cm

袋布　　　　　正面

1cm　　　1cm

60cm

1cm　　　　　1cm
縫份

內袋　　2cm

1cm　　　1cm　　1cm

80cm

製圖

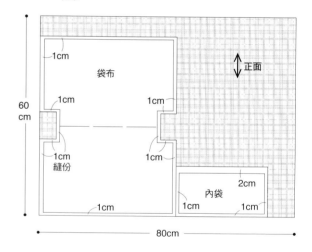

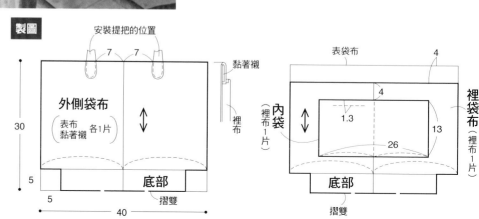

安裝提把的位置

7　7

外側袋布

表布
黏著襯　各1片

30

5

5

40

底部

摺雙

黏著襯

裡
布

表袋布　　　　4

4

內袋　　1.3

26　　13

底部

摺雙

裡袋布
(裡布1片)

內袋
(裡布1片)

需準備的材料

表布（棉）50×80cm
裡布（棉）80×60cm
黏著襯 50×80cm
提把 1對

1 黏著襯貼到表袋布

表袋布（背面）

1cm
5cm

黏著襯

5cm
1cm

表袋布的背面與黏著襯的黏接
面貼合在一起，再用熨斗熨燙
黏接。

2 製作表袋布

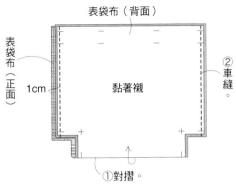

表袋布（背面）

表袋布（正面）

黏著襯

1cm

②車縫。

①對摺。

1 對摺表袋布，將正面疊在裡側。
在距側邊1cm處進行車縫。

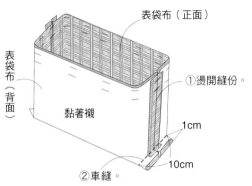

表袋布（正面）

表袋布（背面）

黏著襯

①燙開縫份。

1cm
②車縫。
10cm

2 鋪開兩側的縫份，再將底部
的布料摺過來形成袋底，在
距邊1cm處進行車縫。

3 製作裡袋布

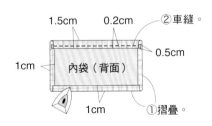

1.5cm   0.2cm   ②車縫。

0.5cm

1cm   內袋（背面）

1cm

①摺疊。

1 沿著完成線將內袋四周摺
疊。袋口處先摺0.5cm，
再摺1.5cm，在距褶邊
0.2cm處進行車縫。

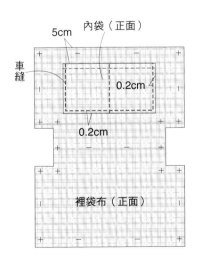

5cm   內袋（正面）

車縫

0.2cm

0.2cm

裡袋布（正面）

2 將內袋放在裡袋布的內袋縫
合處上，再對其周邊和中心
進行車縫。

裡袋布（背面）

1cm

②車縫。

①對摺。

3 對摺裡袋布，將正面疊在裡
側。在距布邊1cm處對兩側
邊進行車縫。

4 縫合表袋布和裡袋布

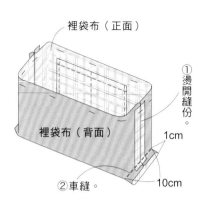

4
燙開兩側的縫份,將底部的布料摺過來形成袋底,在距邊1cm處進行車縫。

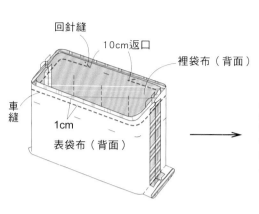

1
將裡袋布翻回正面。將裡袋布放到表袋布裡面,在距邊1cm處車縫一圈。記住預留10cm的返口,作為翻面用。

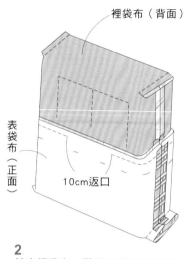

2
拉出裡袋布、摺疊裡袋布側邊縫份。

5 整理托特包形

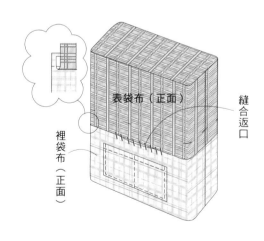

1 自返口處翻回正面,再將返口處縫合。

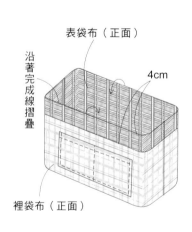

2 沿著完成線將裡袋布向內側摺疊4cm。

6 安裝提把

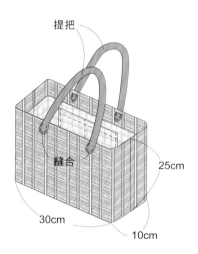

將提把放在相應的安裝位置,並手縫固定。